中等职业教育"十一五"规划教材

数控技术应用专业

工作过程导向

数控铣削项目教程（第二版）

SHUKONG

XIXIAO XIANGMU JIAOCHENG（DI ER BAN）

本书以零件的数控铣削加工工作过程为主线进行编写，共分五个项目，每个项目都设置了目标明确、操作性强的具体任务，并在完成任务的过程中插入理论知识，做到理论与实践的一体化。

本书可作为数控技术应用专业、模具设计及制造专业、机电一体化专业的中等职业教育教材，也可作为从事数控铣床工作的工程技术人员的参考书及数控铣床短期培训用书。

主　编　禹　诚　　邵长文　　田坤英

副主编　韦　林　　王甫茂

参　编　常　春　　覃登攀　　乔彤瑜
　　　　袁伟才　　焦文霞　　韩凤平

华中科技大学出版社

http://www.hustp.com

中国·武汉

图书在版编目（CIP）数据

数控铣削项目教程/禹诚，邵长文，田坤英主编. —2 版. —武汉：华中科技大学出版社，2014.7
ISBN 978-7-5680-0242-4

Ⅰ.①数…　Ⅱ.①禹…　②邵…　③田…　Ⅲ.①数控机床-铣削-中等专业学校-教材　Ⅳ.①TG547

中国版本图书馆 CIP 数据核字(2014)第 155104 号

数控铣削项目教程（第二版）　　　　　　　　　　　禹　诚　邵长文　田坤英　主编

策划编辑：王红梅
责任编辑：谢　婧
封面设计：秦　茹
责任校对：马燕红
责任监印：周治超
出版发行：华中科技大学出版社(中国·武汉)
　　　　　武昌喻家山　邮编：430074　电话：(027)81321915
录　　排：武汉市洪山区佳年华文印部
印　　刷：武汉市籍缘印刷厂
开　　本：787mm×1092mm　1/16
印　　张：20.5
字　　数：508 千字
版　　次：2009 年 1 月第 1 版　2014 年 7 月第 2 版第 1 次印刷
定　　价：38.80 元(含同步练习)

内容提要 ● ● ● ● ● ●

　　本书以零件的数控铣削加工工作过程为主线进行编写。全书共分五个项目，两个附录。项目一为数控铣床认识与基本操作；项目二为零件的工艺分析；项目三为数控铣削程序编制；项目四为程序的输入、编辑与校验；项目五为零件的加工、检测与装配；附录 1 为华中数控世纪星 HNC-21/22M 数控系统宏指令编程；附录 2 为 FANUC 数控系统编程指令。本书每一个项目都设置了目标明确、操作性强的具体任务，并在完成任务的过程中插入理论知识，基本上做到理论与实践相结合。

　　本书分"教程"和"同步练习"两册，本册为"教程"。

　　本书既可作为数控技术应用专业、模具设计及制造专业、机电一体化专业的中等职业教育教材，也可作为从事数控铣床工作的工程技术人员的参考书及数控铣床短期培训用书。

总 序

　　世界职业教育发展的经验和我国职业教育发展的历程都表明，职业教育是提高国家核心竞争力的要素之一。职业教育这一重要作用和地位，主要体现在两个方面。其一，职业教育承载着满足社会需求的重任，是培养为社会直接创造价值的高素质劳动者和专门人才的教育。职业教育既是经济发展的需要，又是促进劳动就业的需要。其二，职业教育还承载着满足个性需求的重任，是促进以形象思维为主的具有另类智力特点的青少年成才的教育。职业教育既是保证教育公平的需要，又是教育协调发展的需要。

　　这意味着，职业教育不仅有着自己的特定目标——满足社会经济发展的人才需求及与之相关的就业需求，而且有着自己的特殊规律——促进不同智力群体的个性发展及与之相关的智力开发。

　　长期以来，由于我们对职业教育作为一种类型教育的规律缺乏深刻的认识，加之学校职业教育又占据绝对主体地位，职业教育与经济、企业联系不紧，导致职业教育的办学模式未能冲破"供给驱动"的束缚，教学方法也未能跳出学科体系的框架，所培养的职业人才，其职业技能的专深不够、职业工作的能力不强，与行业、企业的实际需求，以及我国经济发展的需要相距甚远。实际上，这也不利于个人通过职业这个载体实现自身所应有的生涯发展。

　　因此，要遵循职业教育的规律，强调校企合作、工学结合，在"做中学"，在"学中做"，就必须进行教学改革。职业教育应遵循"行动导向"的教学原则，强调"为了行动而学习"、"通过行动来学习"和"行动就是学习"的教育理念，让学生在由实践情境构成的以过程逻辑为中心的行动体系中获取过程性知识，去解决"怎么做"（经验）和"怎么做更好"（策略）的问题，而不是在由专业学科构成的以架构逻辑为中心的学科体系中去追求陈述性知识，只解决"是什么"（事实、概念等）和"为什么"（原理、规律等）的问题。由此，作为教学改革核心课程的改革成功与否，就成为职业教育教学改革成功与否的关键。

当前，在学习和借鉴国内外职业教育课程改革成功经验的基础之上，工作过程导向的课程开发思想已逐渐为职业教育战线所认同。所谓工作过程，是"在企业里为完成一件工作任务并获得工作成果而进行的一个完整的工作程序"，是一个综合的、时刻处于运动状态但结构相对固定的系统。与之相关的工作过程知识，是情境化的职业经验知识与普适化的系统科学知识的交集，它"不是关于单个事务和重复性质工作的知识，而是在企业内部关系中将不同的子工作予以连接的知识"。以工作过程逻辑展开的课程开发，其内容编排以典型职业工作任务及实际的职业工作过程为参照系，按照完整行动所特有的"资讯、决策、计划、实施、检查、评价"结构，实现学科体系的解构与行动体系的重构，实现于变化的具体的工作过程之中获取不变的思维过程完整性的训练，实现实体性技术、规范性技术通过过程性技术的物化。

近年来，教育部在中等职业教育和高等职业教育领域，组织了我国职业教育史上最大的职业教育师资培训项目——中德职教师资培训项目和国家级骨干师资培训项目。这些骨干教师通过学习、了解、接受先进的教学理念和教学模式，结合中国的国情，开发了更适合我国国情、更具有中国特色的职业教育课程模式。

华中科技大学出版社结合我国正在探索的职业教育课程改革，邀请我国职业教育领域的专家、企业技术专家和企业人力资源专家，特别是接受过中德职教师资培训或国家级骨干教师培训的中等职业学校的骨干教师，为支持、推动这一课程开发项目应用于教学实践，进行了有意义的探索——工作过程导向课程的教材编写。

华中科技大学出版社的这一探索有两个特点。

第一，课程设置针对专业所对应的职业领域，邀请相关企业的技术骨干、人力资源管理者，以及行业著名专家和院校骨干教师，通过访谈、问卷和研讨，由企业技术骨干和人力资源管理者提出职业工作岗位对技能型人才在技能、知识和素质方面的要求，结合目前我国中职教育的现状，共同分析、讨论课程设置中存在的问题，通过科学合理的调整、增删，确定课程门类及其教学内容。

第二，教学模式针对中职教育对象的智力特点，积极探讨提高教学质量的有效途径，根据工作过程导向课程开发的实践，引入能够激发学习兴趣、贴近职业实践的工作任务，将项目教学作为提高教学质量、培养学生能力的主要教学方法，把"适度"、"够用"的理论知识按照工作过程来梳理、编排，以促进符合职业教育规律的新的教学模式的建立。

在此基础上，华中科技大学出版社组织出版了这套工作过程导向的中等职业教育"十一五"规划教材。我始终欣喜地关注着这套教材的规划、组织和编写的过程。华中科技大学出版社敢于探索、积极创新的精神，应该大力提倡。我很乐意将这套教材介绍给读者，衷心希望这套教材能在相关课程的教学中发挥积极作用，并得到读者的青睐。我也相信，这套教材在使用的过程中，通过教学实践的检验和实际问题的解决，能够不断得到改进、完善和提高。我希望，华中科技大学出版社能继续发扬探索、研究的作风，在建立具有中国特色的中等职业教育和高等职业教育的课程体系的改革中，作出更大的贡献。

是为序。

教育部职业技术教育中心研究所

《中国职业技术教育》杂志主编

学术委员会秘书长

中国职业技术教育学会

理事、教学工作委员会副主任

职教课程理论与开发研究会主任

姜大源　研究员　教授

2008 年 7 月 15 日

第二版前言

本书是以教育部《中华人民共和国职业技能鉴定规范》中的数控铣工职业技能标准为依据，参照德国双元制的教学模式，并结合当前实际组织编写的，内容上注重理论知识与实际操作技能相结合。

本书突破了数控技术应用专业教材的传统编写形式，以零件的数控铣削加工的工作过程为导向，以项目为载体，以具体工作任务为驱动力，注重对学习过程的控制。在具体的教学内容上融趣味性、实用性为一体，并使用了"逆向工作"型任务。

本书第一版于 2009 年出版，主要作为中等职业学校和技工学校的数控技术应用专业教材。第一版重印四次，被国内二十多所中职院校选为相关课程的教材。全书图文并茂、通俗易懂、精练实用、通用性强，受到了广大师生的好评，被认为"既方便教，又方便学"，具体归纳为具有以下几个特点：

（1）满足实际生产需要，具有较强的针对性；

（2）便于组织教学，可操作性强；

（3）体现数控机床操作的特点、要求及规范。

读者通过使用，发现了书中存在的错误和疏漏，并提出了一些合理建议。编者根据读者反馈，结合数控技术应用专业的发展，对第一版进行了修订。

本次修订工作主要由湖北省武汉市第二轻工业学校禹诚老师进行。修订工作主要体现在以下几方面：

（1）完善了数控铣刀知识，在任务 2-3 的相关知识中补充了有关"刀柄系统"的内容；

（2）加强了教学的互动性，补充了部分任务的"思考和交流"内容；

（3）对书中的一些错误和疏漏进行了修改和补充；

（4）为了使学习知识得到有效的巩固和迁移，重点修订了同步练习中对应的练习题，尽量减少习题书写难度，使学生"好做、易做、乐做"；

（5）为了让更多的学生参与全国职业院校技能大赛，加入了竞赛案例供学生练习。

衷心期待各位同行及专家对本书继续提出宝贵意见！

编　者

2014 年 5 月

前　言

　　随着数控机床应用的日益广泛，企业对掌握数控技术的技能型人才的需求逐年增加，培养数控技术应用领域的专业技能人才十分迫切。在这种情况下，多位长期从事中职数控技术应用专业教学并参加了全国中职学校数控/机电专业骨干教师赴德培训班的教师通力合作，针对我国中职学校生源特点，结合国外先进的职业教育理念及多年的数控技术应用职业教学经验，以培养学生学习能力及操作技能为目的，编写了本教材，包括"教程"和"同步练习"两册，本册为"教程"。

　　全书共分五个项目，以零件的数控铣削加工工作过程为主线，以具体的工作任务为驱动力，引导读者系统地掌握零件的数控加工工艺方案的定制、刀具选择、程序编制、机床操作及零件检测等各项工作。"同步练习"的练习内容与"教程"对应。

　　本书介绍的指令是以国产数控系统——华中数控世纪星 HNC-21M 为根据的。本书内容全面、条理清晰、实例丰富、讲解详细、图文并茂，可作为广大工程技术人员学习数控加工的自学教程和参考书。为了方便读者更深入学习，本书在附录中介绍了华中数控世纪星 HNC-21/22M 数控系统的宏指令编程以及国外的 FANUC 数控系统编程指令。

　　本书由安徽机械工业学校邵长文和石家庄职教中心田坤英主编。参加本书编写的人员有：四川机电技术学校韦林、常春、韩凤平（编写项目一的教程及同步练习、项目五的同步练习、中级工应会试题库）；四川省宜宾职业技术学院中专部王甫茂和覃登攀（编写项目二的教程及同步练习）；武汉市第二轻工业学校禹诚（参与部分章节的修改、编写附录2）；石家庄职教中心乔彤瑜、焦文霞（编写项目三的教程及同步练习）、田坤英（编写项目四的教程及同步练习，负责部分章节的统稿工作）、袁伟才（编写项目五的部分内容）；安徽机械工业学校邵长文（编写项目五的部分内容、附录1，负责全书的统稿工作）。

由于编者的水平和经验有限，书中难免出现错漏与不足之处，恳请同行专家和读者批评指正。

编　者

2008. 11. 20

目 录

项目一

数控铣床认识与基本操作

【教学重点】
· 数控铣床认识
· 数控铣床控制面板的认识
· 数控铣床坐标系的建立
· 数控铣床的手动操作
· 数控铣床对刀

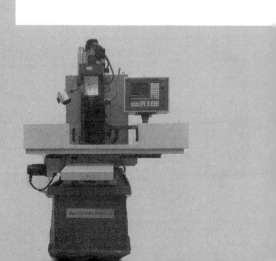

项目教学建议

序　号	任　务	建议学时数	建议教学方式	备　注
1	任务 1-1	2	讲授、示范教学、辅导教学	
2	任务 1-2	4	讲授、示范教学、辅导教学	
3	任务 1-3	8	讲授、示范教学、辅导教学	
4	任务 1-4	2	讲授、示范教学、辅导教学	
5	任务 1-5	4	讲授、示范教学、辅导教学	
总　计		20		

项目教学准备

序　号	任　务	设备准备	刀具准备	材料准备
1	任务 1-1	数控铣床 5 台		
2	任务 1-2	数控铣床 5 台		
3	任务 1-3	数控铣床 5 台		
4	任务 1-4	数控铣床 5 台		
5	任务 1-5	数控铣床 5 台	立铣刀五把，寻边器、Z 向设定器各五个	45 钢钢板或铝板 5 个

注：以每 30 名学生为一教学班，每 5～6 名学生为一个任务小组。

项目教学评价

序　号	任　务	教 学 评 价		
1	任务 1-1	好□	一般□	差□
2	任务 1-2	好□	一般□	差□
3	任务 1-3	好□	一般□	差□
4	任务 1-4	好□	一般□	差□
5	任务 1-5	好□	一般□	差□

任务 1-1　认识数控铣床

 任务 1-1　任务描述

在数控车间仔细观察数控铣床的结构及工作情况，指出图 1-1 所示数控铣床各部分的名称及作用。了解数控铣床的加工特点及适用情况。

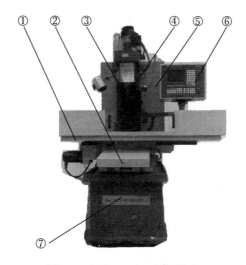

图 1-1　ZJK7532A-4 数控铣床

 任务 1-1　工作过程

第 1 步　阅读与该任务相关的知识。

第 2 步　了解数控铣床各部分的名称及功能，联系机械加工中的实际情况，判断工件是适合在普通铣床上加工还是适合在数控铣床上加工。图 1-1 所示数控铣床各部分的名称及功能如表 1-1 所示。

表 1-1　数控铣床各部分的名称及功能

序　号	名　称	功　能
①	X 向导轨	引导工作台在水平横向左右运动
②	Y 向导轨	引导工作台在水平纵向前后运动
③	Z 向导轨	引导安装了刀具的主轴在竖直方向上下运动
④	刀柄	安装刀具
⑤	电气控制柜	用于安装控制机床强电的各种电气元件
⑥	数控装置	接收输入装置的信号，经过编译、插补运算和逻辑处理后，输出信号和指令到伺服控制系统，适时控制机床各部分进行相应的动作
⑦	床身	支撑机床各部件

任务 1-1 相关知识

与普通铣床不同，数控铣床是用一系列特定的代码和规范的格式编成程序，根据加工工件的需要，适时准确地自动控制机床的启动、停止、进给速度、冷却液的开与关等一系列动作来进行加工的。它除了具备普通铣床的所有功能外，还可以加工圆弧、钻孔、攻丝等更复杂轮廓的工件。安装了刀库和自动换刀系统的数控铣床还可以自动换刀。与普通铣床相比，数控铣床的加工精度更高、功能更强大、自动化水平更高。

1. 现代机械加工的特点与数控机床的产生

在普通铣床加工中，机床的启动、停止、进给、刹车、换刀等一系列动作几乎都由手工直接控制，所以零件的加工精度不仅与机床的精度有关，还与操作工人的熟练程度、技术水平等多种因素相关。因此，用普通铣床加工零件，不仅劳动强度大、效率低，而且精度难以控制，也不稳定。

在现代机械加工中，加工批量小、改型频繁、零件复杂程度增加、精度要求高、生产周期短等特点日益突出。在电子技术、计算机技术、材料技术等多种技术的发展推动下，适应现代机械加工的数控铣床于 1952 年在美国诞生了。经过几十年的发展，数控铣床已经发展到多系列、高精度、多功能、智能化程度。

2. 数控铣床的工作过程

数控铣床的工作特点：把机床的启动、停止、正转、反转、机床的进给运动、切削液的开与关等所有动作都用特定的符号和代码来表示，加工工件时，根据图样结合工艺要求，按照一定的格式，把机床一系列的动作用规定的代码和符号编成程序，输入数控系统，数控系统对程序进行解释进而精确控制机床按照程序设定的运行轨迹自动加工出工件。

数控铣床的工作过程如下：

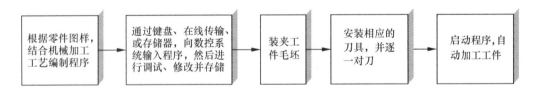

普通铣床的工作过程如下：

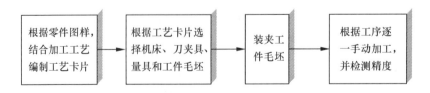

由上不难看出，普通铣床和数控铣床之间的最大区别是：普通铣床是手动加工，并需

要逐一检测精度；数控铣床则是自动加工，不需手动控制。

3. 数控铣床加工的特点

和传统的普通铣床加工相比，数控铣床加工具有以下显著的特点。

① 具有广泛的应用性和较高的灵活性。数控铣床的加工过程由程序控制，当需要更换待加工零件时，只需重新输入或者修改程序即可。这在单件小批量、产品改型、复杂工件以及新产品试制中提供了极大的方便，缩短了生产准备及试制周期，还可以省去一些工装夹具，节约成本。

② 加工精度高，质量稳定。由于数控铣床采用了伺服系统，速度与位置的测量反馈装置时刻监视着机床的实际运动与指令动作相符，而程序的自动化控制使同批加工的零件几何尺寸一致性好，合格率高，加工质量稳定。同时，数控铣床可以实现多轴联动，加工很多复杂的曲面或曲线类零件。

③ 加工生产率高。数控铣床的所有动作都已采用程序自动化控制，进而实现了多道工序连续加工，加速、减速功能的采用以及快速运动和定位，大大节约了加工过程中走空刀的时间。

④ 可获得良好的经济效益。虽然数控铣床比普通铣床昂贵，但它具有加工精度好，合格率高，可以加工普通铣床不能加工的复杂工件，减少工装夹具的使用，缩短加工周期等优点，这些优点都有利于获得较好的经济效益。

⑤ 有利于生产管理的现代化。数控铣床使用数字信息与标准代码处理、传递信息，特别是数控铣床使用了计算机控制，为计算机的辅助设计、制造及管理一体化奠定了基础。

4. 数控铣床的组成结构

数控铣床和普通铣床的工作方式、制造精度不同，结构也有所不同。通常，数控铣床由以下几个部分组成。

① 数控系统。数控系统是数控铣床的核心，由控制系统、可编程控制器、各类输入输出接口、显示器及操作键盘等组成。

② 伺服系统。伺服系统是数控系统与机床本体之间的电传动环节，数控系统所发出的每一个指令动作都是通过伺服系统控制机床的机械构件来完成的。它主要由伺服电动机、驱动控制系统及位置检测反馈装置组成。伺服电动机是系统的执行元件，驱动控制系统是伺服电动机的动力源。数控系统发出的指令信号与位置检测反馈信号比较后成为有效的位移指令，经过驱动控制系统的功率放大，驱动电动机运转，再通过机械传动装置带动工作台或刀架运动。

③ 主传动系统。主传动系统是机床切削加工时传递转矩和速度的主要部件之一，一般分为有级变速和无级变速两类。它由主轴驱动控制系统、主轴电动机以及主轴机械传动机构等组成。

④ 强电控制柜。用来安装机床强电控制所用的各种元器件的电气柜称为强电控制柜。

⑤ 辅助装置。辅助装置包括液压控制系统、润滑系统、切削液供给装置等一切为切削加工提供辅助作用的装置。

⑥ 机床本体。与普通铣床一样，它是指数控铣床的机械结构实体。

5. 数控铣床的应用

数控铣床的加工对象分为以下三类。

① 最适应类。这是指加工精度高，形状结构复杂，具有复杂曲线、曲面轮廓的零件（图 1-2）；必须在一次装夹中完成铣、钻、铰或攻丝等多道工序的零件。

② 较适应类。这是指毛坯获得困难，不允许报废的零件；在普通铣床上加工生产率低，劳动强度大，质量难控制的零件；多品种，多规格，小批量生产的零件。

③ 不适应类。这是指形状结构简单，加工精度要求不高，大批量生产的零件；必须用特定的工艺装备，或依靠样板、样件加工的零件。

图 1-2　数控铣床加工的形状复杂零件

任务 1-1　思考与交流

① 想一想，普通铣床加工与数控铣床加工各有什么特点？

② 神舟 7 号宇宙飞船的结构坚固、制造精密、材料昂贵，你认为加工它的零件应该选用普通铣床还是数控铣床？

③ 你认为数控铣床与普通铣床相比有哪些优越性？是不是所有需要在铣床上加工的零件都适合在数控铣床上进行加工？

④ 分小组总结数控铣床加工的特点，从生活中各举五个分别适合在普通铣床和数控铣床上加工的零件实例。

任务 1-2　数控铣床控制面板

 任务 1-2　任务描述

认真观察一台数控铣床的控制面板，了解各功能按键的作用。国产华中数控世纪星

HNC-21/22M 数控系统的控制面板如图 1-3 所示，请指出控制面板各区域的按键功能。

图 1-3 HNC-21/22M 的控制面板

任务 1-2 工作过程

第 1 步 阅读与该任务相关的知识。

第 2 步 仔细观察数控铣床的控制面板，了解各功能键的名称及作用。HNC-21/22M 数控系统的控制面板上的各区域按键的功能如表 1-2 所示。

表 1-2 HNC-21/22M 数控系统的控制面板上各按键的功能

序 号	名 称	功 能	面板上的对应按键区
1	工作方式选择键	包括"自动"、"单段"、"手动"、"增量""回参考点"工作方式选择键，用于选择机床的工作方式	
2	辅助操作手动控制键	包括主轴控制、冷却液控制及换刀控制等控制键	
3	坐标轴移动手动控制键	包括 X、Y、Z 等轴的手动控制键	
4	增量倍率选择键	用于"增量"工作方式的倍率选择	

序　号	名　称	功　能	面板上的对应按键区
5	倍率修调键	包括主轴修调、快速修调和进给修调键	主轴修调 − 100% ＋ 快速修调 − 100% ＋ 进给修调 − 100% ＋
6	自动控制键	用于程序运行的开始和暂停	循环启动　进给保持
7	其他键	包括空运行和机床锁住及超程解除等辅助操作按键	超程解除　亮度调节　　Z轴锁住　机床锁住

任务 1-2　相关知识

HNC-21/22M 数控系统的控制面板如图 1-3 所示，各按键的具体功能如下。

① 自动 按键　用于机床的自动加工。

② 单段 按键　用于单段程序的运行。在自动运行时，每按一次 键，数控系统执行一个程序段后停止。

③ 手动 按键　选择此方式，可以手动控制机床，比如手动移动机床各轴、主轴的正、反转等。

④ 增量 按键　选择此方式，每按一次，机床将移动"一步"。定量移动机床坐标轴，移动距离由倍率调整（可控制机床精确定位，但不连续）。当手轮有效时，"增量"方式变为"手摇"，倍率仍有效。可连续精确控制机床的移动。机床的进给速度受操作者的手动速度和倍率控制。

⑤ 回参考点 按键　机床开机后只有在该模式下才能进行回零操作。

⑥ 冷却开/停 按键　在"手动"方式下，按一下"冷却开/停"键，冷却液开（默认值为冷却液关），再按一下即为冷却液关（即按一次，指示灯亮，说明此状态选中，再按一次，指示灯暗。下面各键相同）。

⑦ 换刀允许 按键　在手动方式下，按压"允许换刀"按键，使得"允许刀具松/紧"操作

有效（指示灯亮，适用于气动换刀装置）。

⑧ 刀具松/紧 按键　按一下"刀具松/紧"按键，松开刀具（默认值为夹紧）。再按一下又为夹紧刀具（适用于气动换刀装置）。

⑨ 主轴定向 按键　在手动方式下，按下此键，主轴立即执行定向功能。定向完成后，指示灯亮，主轴准确停止在某一固定位置。

⑩ 主轴清动 按键　在手动方式下，按下此键，主轴电动机以机床参数设定的转速和时间转动一定的角度。

⑪ 主轴制动 按键　在手动方式下，主轴处于停止状态时，按下此键，指示灯亮，主轴电动机被锁定在当前位置。

⑫ 主轴正转 按键　在 MDI 方式（Manual Data Input，即手动数据输入方式）已经初始化主轴转速的情况下，在手动方式下，按下此键，主轴将按给定的速度正转。

⑬ 主轴停止 按键　按下此键，主轴停止转动。

⑭ 主轴反转 按键　在 MDI 方式已经初始化主轴转速的情况下，在手动方式下，按下此键，主轴将按给定的速度反转。

⑮ 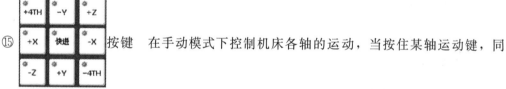 按键　在手动模式下控制机床各轴的运动，当按住某轴运动键，同时按住快进键时，机床以快进速度运动，否则以设定的进给速度运动。

⑯ ×1 ×10 ×100 ×1000 按键　增量方式下的倍率修调按键，基本单位是脉冲当量，即每个脉冲 0.001 mm，如按下 ×1000 按键，指示灯亮，其速度为 1000×0.001 mm＝1 mm，即每按一次坐标轴方向移动键，相应坐标轴移动 1 mm。

⑰ 主轴倍调 - 100% + 按键　主轴倍率修调按键，在主轴转动时，按下 - 按键，主轴转速降低；按下 + 按键，主轴转速增加，当选择为 100% 时，转速等于设定的转速。

⑱ 快速倍调 - 100% + 按键　快速倍率修调按键，修调刀架快速进给的速度。其作用同上。

⑲ 进给倍调 - 100% + 按键　进给倍率修调按键，修调进给速度的倍率。

⑳ 循环启动 按键　用于程序的启动。当模式选择在"自动"、"单段"和 MDI 时按下有效。按下此键可进行自动加工或模拟加工。

㉑ ▦按键　按下此键，自动运行中的程序将暂停，进给运动停止，再按下▦按键，程序恢复运行。

㉒ ▦按键　按下此键，指示灯亮，这时，如果手动移动 Z 轴，Z 轴不运动。

㉓ ▦按键　按下此键，将禁止机床所有运动。

㉔ ▦按键　当坐标轴运行超程时，按下此键并同时按下超程方向的反方向按键，可解除超程。

㉕ ▦按键　用于程序的快速空运行，此时程序中的 F 代码无效。

任务 1-2　思考与交流

① 在数控铣床控制面板上进行操作，选择某项功能时，必须先让数控铣床进入该模式。例如，要手动操作数控铣床 X 轴的运动，必须先按下"手动"键，才可以进行其他相应操作；要增量操作或手摇操作时，必须先选择"增量"模式或手摇模式，然后再进行相应操作。

② 观察如图 1-4 所示的 FANNC 0i，铣床系统的控制面板，对比华中数控世纪星 HNC-21/22M 数控系统，指出其功能。

图 1-4　FANNC 0i 铣床系统控制面板

任务 1-3　数控铣床坐标系的建立

任务 1-3　任务描述

某数控铣床简图如图 1-5 所示，请指出该数控铣床的坐标系。

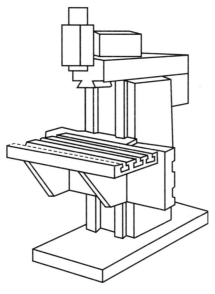

图 1-5　数控铣床简图

任务 1-3　工作过程

第 1 步　阅读与该任务相关的知识。

第 2 步　仔细观察数控铣床，辨别其 X、Y、Z 轴的正方向。图 1-5 所示数控铣床的坐标系如图 1-6 所示。

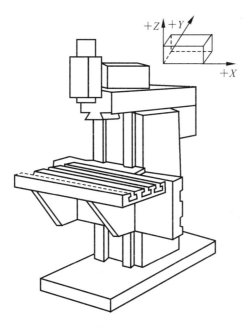

图 1-6　数控铣床坐标系的判定

任务 1-3　相关知识

1. 铣床坐标系的确定原则

利用数控铣床加工时，数控系统靠什么来找到刀具运行的路径（轨迹）呢？数控铣床和数控车床一样，必然有自己的正确参考位置，有了参考位置才能确定每一个加工点的具体位置，这就是坐标系统要解决的问题。

国际上已经专门制定了名为 ISO841 的《机床数字控制坐标——坐标轴和运动方向命名》标准。我国以 ISO841 标准为样板相应地制定了 JB/T 3051—1999 的国家标准。

按照国家标准采取的坐标轴和运动方向原则，我们可以统一地确定机床坐标系及坐标轴的方向（正、负向），即如下所述的两点。

（1）刀具相对于静止的工件而运动的原则

数控铣床是一种刀具位置相对不动，通过变换工件的位置进行加工的机床。为了便于编程人员进行数控加工的程序编制，人们作了一个规定，即确定坐标系时一律看做刀具是运动状态，工件是静止状态。也就是说，刀具相对于静止的工件而运动。

（2）标准机床坐标系的规定

机床坐标系的规定。对于数控机床中的坐标系和运动方向的命名，ISO 标准和我国的 JB3052—1982 部颁标准中统一规定采用如图 1-7 所示的右手笛卡儿直角坐标系。

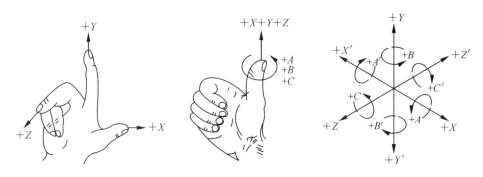

图 1-7　坐标系的判定方法

2. 坐标轴的判定方法

对于数控机床，规定增大刀具与工件之间距离为某一部件运动的正方向。也可以理解为：刀具远离工件的方向便是机床某一运动的正方向。

我们还可以根据右手螺旋法则很方便地确定出 A、B、C 三个旋转坐标轴的方向。用 $+X'$、$+Y'$、$+Z'$、$+A'$、$+B'$、$+C'$ 与 $+X$、$+Y$、$+Z$、$+A$、$+B$、$+C$ 表示工件相对于刀具运动的正方向。

其中，X、Y、Z 坐标轴的确定方法介绍如下。

① Z 坐标轴。由传递切削力的主轴所决定，与主轴轴线平行的坐标为 Z 坐标。

② X 坐标轴。X 坐标一般是水平移动的，它平行于工件的装夹平面，是刀具或工件

定位平面内运动的一个主要坐标。

③ Y 坐标轴。根据 X 和 Z 轴的运动，按照右手笛卡儿坐标系来确定。

3. 机床原点、机床参考点

机床原点又称机械原点，它是机床坐标系的原点。该点是机床上的一个固定的点，其位置是由机床设计和制造单位确定的，通常不允许用户改变。

机床参考点也是机床坐标系中一个固定不变的位置点，是用于对机床工作台、滑板与刀具相对运动的测量系统进行标定和控制的点。

机床原点和机床参考点组成机床的坐标系，如图 1-8 所示。

机床坐标系的主要功能是用于检查和校验机床精度以及清除机床由于各种原因所产生的累积间隙误差。

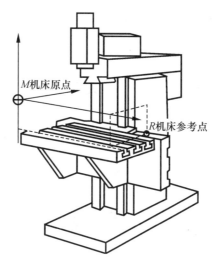

图 1-8　数控铣床（立式）的机床原点和机床参考点

4. 数控铣床的工件坐标系和工件原点

为了编程方便，可以在工件图样上设置一个或多个工件坐标系，它是由编程人员根据情况自行选择的。工件坐标系的原点就是工件原点，也称为工件零点。为了保证编程与机床加工的一致性，工件坐标系也应与右手笛卡儿坐标系保持一致。图 1-9 所示的为机床坐标系与工件坐标系的关系。

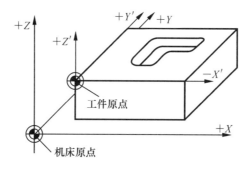

图 1-9　机床坐标系与工件坐标系

任务 1-3　思考与交流

① 通过操作认识机床零点（机床原点）。

② 总结数控铣床工件零点的选择原则。

③ 对于形状复杂或者一次加工多个重复的工件，为了简化编程，能否在工件上设置多个工件坐标系？

任务 1-4　数控铣床手动操作

任务 1-4　任务描述

请按图 1-10 所示框图步骤，手动操作数控铣床，并认真观察机床的运行情况。

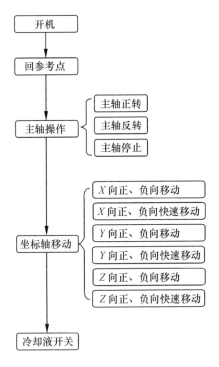

图 1-10　手动操作机床流程

任务 1-4　工作过程

第 1 步　阅读与该任务相关的知识。

第 2 步　熟悉操作要点，图 1-10 所示的手动操作机床要点如表 1-3 所示。

表1-3　手动操作机床要点

序号	操作步骤		操 作 要 点
1	开机		先合上机床空气开关，再打开机床电气控制柜开关，系统上电进入操作界面时，系统的工作方式为"急停"，这时，为了使控制系统运行，需右旋并拔起操作台右下角的"急停"按钮，使系统复位，完成开机操作 
2	回参考点		① 如果系统显示的当前工作方式不是回零方式，按一下控制面板上的"回零"按键，确保系统处于"回零"方式； 　　② 根据 X 轴机床参数"回参考点方向"，按一下 +x （"回参考点方向"为"＋"），X 轴回到参考点 +x 后指示灯亮； 　　③ 用同样的方法使用 +Y 、 +Z 按键，可以使 Y 轴、Z 轴回参考点。所有轴回参考点后，即建立了机床坐标系（为了安全，注意一定要让 Z 方向先回零）
3	主轴操作	主轴正转	按一下 主轴正转 按键（指示灯亮），主轴电动机以机床参数设定的转速正转
4		主轴停止	按一下 主轴停止 按键（指示灯亮），主轴电动机停止运转
5		主轴反转	按一下 主轴反转 按键（指示灯亮），主轴电动机以机床参数设定的转速反转
6	坐标轴移动	Z 轴正、负向移动	按压 +z 或 -z 按键（指示灯亮），Z 轴将向正向或负向连续移动；松开 +z 或 -z 按键（指示灯灭），Z 轴即减速停止
7		Z 轴正、负向快速移动	同时按压 +z ＋ 快进 或者 -z ＋ 快进 按键，则向 Z 轴的正向或负向快速移动
8		X 轴正、负向移动	按压 +x 或 -x 按键（指示灯亮），X 轴将向正向或负向连续移动；松开 +x 或 -x 按键（指示灯灭），X 轴即减速停止

续表

序 号	操 作 步 骤	操 作 要 点
9	坐标轴移动 / X 轴正、负向快速移动	同时按压 +X + 快进 或者 -X + 快进 按键，则向 X 轴的正向或负向快速运动
10	Y 轴正、负向移动	按压 +Y 或 -Y 按键（指示灯亮），Y 轴将向正向或负向连续移动；松开 +Y 或 -Y 按键（指示灯灭），Y 轴即减速停止
11	Y 轴正、负向快速移动	同时按压 +Y + 快进 或者 -Y + 快进 按键，则向 Y 轴的正向或负向快速运动
12	冷却液开关	按一下 冷却开/停 按键，冷却液开（默认值为冷却液关），再按一下 冷却开/停 按键，冷却液关，再按一下 冷却开/停 按键，冷却液又开，如此循环

任务 1-4 相关知识

机床手动操作主要由手持单元和机床控制面板共同完成，机床控制面板如图 1-11 所示。

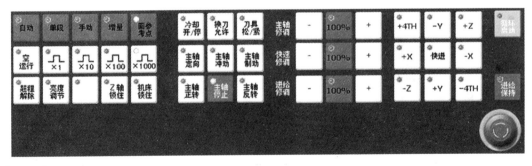

图 1-11 HNC-21/22M 的机床控制面板

1. 坐标轴移动

手动移动机床坐标轴的操作由手持单元和机床控制面板上的方式选择按键（手动、增量倍率、进给修调、快速修调等按键）共同完成。手动移动机床可以根据需要进行选择。一般手动移动机床可以使用以下三种方法。

（1）手动连续进给

按一下 手动 按键（指示灯亮），系统处于手动连续进给方式，这时再按压任意一个坐标轴按键，可控制机床各坐标轴正向或负向连续移动，若同时按压 快进 按键，则产生相应轴的正向或负向快速运动。

（2）增量进给

当手持单元的坐标轴选择波段开关置于"OFF"档时，按一下控制面板上的 增量 按键（指示灯亮），系统处于增量进给方式，这时再按下任意一个坐标轴按键，就可控制机床各坐标轴正向或负向移动一个增量值。

增量进给的增量值由 ×1 、 ×10 、 ×100 、 ×1000 四个增量倍率按键控制。增量倍率和增量值的对应关系如表 1-4 所示。

表 1-4 增量倍率和增量值的对应关系

增 量 倍 率	增量值/mm
×1	0.001
×10	0.01
×100	0.1
×1000	1

（3）手摇进给

当如图 1-12 所示的手持单元坐标轴选择波段开关置于"X"、"Y"、"Z"、"4TH"档时，按一下控制面板上的按键（指示灯亮），系统处于手摇进给方式，可手摇进给机床坐标轴。

手摇进给的增量值（手摇脉冲发生器每转一格的移动量）由手持单元的增量倍率波段开关"×1"、"×10"、"×100"控制。增量倍率波段开关的位置和增量值的对应关系如表 1-5 所示。

图 1-12 手摇脉冲发生器

表 1-5　增量倍率波段开关的位置和增量值的对应关系

位　　置	增量值/mm
×1	0.001
×10	0.01
×100	0.1

2. 其他手动操作

（1）超程解除键的使用

在进行手动或自动加工操作时，操作不当可能会使机床中一个坐标轴超出机床最大或最小行程，这时机床将自动锁定并提示机床坐标超程。解除超程的方法是，按住  超程解除 键不放，同时按压需要解除超程的各轴反方向按键，使工作台返回。

（2）Z 轴锁住键的使用

在只需要校验 XY 平面的机床运动轨迹时，可以使用"Z 轴锁住"功能，便于观察走刀路线。

（3）机床锁住键的使用

在手动运行方式下，按一下  机床锁住 按键（指示灯亮），机床将停止运动。

我们在实际实习和生产中，对机床的复位操作除了每次机床上电都要进行以外，当机床使用时间较长（一般为一个工作时，即为 4～8 h）后也应对机床进行一次复位操作，这是因为机械构件长时间使用会产生累积误差，从而使机床的精度下降。

任务 1-4　思考与交流

① 总结数控铣床正确回参考点的过程。

② 总结数控系统各按键的功能及其作用。

任务 1-5　数控铣床对刀

任务 1-5　任务描述

如图 1-13 所示零件，设工件零点为零件上表面 A 点，请用光电式寻边器（测头直径为 10 mm）和 Z 向设定器（高度为 50 mm）完成 $\phi 20$ 立铣刀的对刀操作。

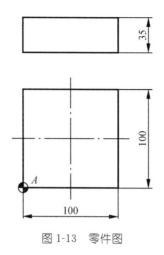

图 1-13　零件图

任务 1-5　工作过程

1. XY 平面零点的设定

第 1 步　将工件用夹具装在机床工作台上，夹紧并找正。装夹时，工件的六个面应先加工为基准面并都应留出寻边器的测量位置。

第 2 步　将寻边器装到主轴上，如图 1-14 所示。

图 1-14　光电式寻边器的安装

第 3 步　快速移动主轴，让寻边器的测头靠近工件的左侧，改用微量进给，让测头慢慢接触到工件左侧，直到寻边器发光为止，如图 1-15 所示。此时机床显示的 X 坐标为 $X=-201.650$，如图 1-16 所示。

第 4 步　记下此测头在机床坐标系中的 X 坐标，该 X 坐标加上测头的半径即为测头中心（工件左边）在机床坐标系中的 X 坐标，也就是该基准面在机床坐标系中的 X 坐标，即 $X=-201.650+5=-196.650$。

第 5 步　将此 X 坐标输入到工件坐标系（如 G54）的存储地址 X 中，如图 1-16 和图 1-17 所示。

图 1-15　寻边器测头接触工件发光

图 1-16　机床显示的坐标

图 1-17　坐标值输入到工件坐标系中

Y 方向的对刀过程和 X 方向一致，所不同的是存储地址为 Y。

2.　Z 向零点的设定

第 1 步　卸下光电式寻边器，装上 $\phi 20$ 立铣刀，将 Z 向对刀仪附着在工件的上表面，如图 1-18 所示。

图 1-18　Z 向对刀仪附着在工件上表面

第 2 步 快速移动工作台和主轴，让刀具端面靠近 Z 向对刀仪的上表面，如图 1-19 所示。

图 1-19 刀具端面靠近 Z 向对刀仪的上表面

第 3 步 记下此时机床坐标系中的 Z 值，如图 1-20 所示，$Z=-173.989$。

第 4 步 在当前刀具情况下，工件上表面在机床坐标系中的 Z 坐标为该值减去 Z 向对刀仪的高度（50 mm），即 $-173.989-50=-223.989$。

第 5 步 将第 4 步计算的值输入到机床相应的工件坐标系（如 G54）的存储地址 Z 中，如图1-20 和图 1-21 所示。

图 1-20 机床显示的坐标

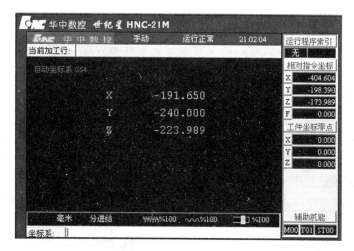

图 1-21 坐标值输入到工件坐标系中

任务 1-5　相关知识

1. 对刀的概念

对刀就是通过操作机床让刀具在机床上找到工件原点的位置，并在机床上记忆该位置，这样就"告诉"了机床工件坐标系在机床坐标系中的坐标。运行程序时，机床会自动找到该位置。

如图 1-22 所示零件，假设编程时选择工件零点的位置在工件上方左下角（B 点），那么，对刀示意如图 1-22 所示。对刀就是要通过一定的方法来找到 B 点（XY 平面零点）和工件上表面（作为 Z 向零点）的位置。

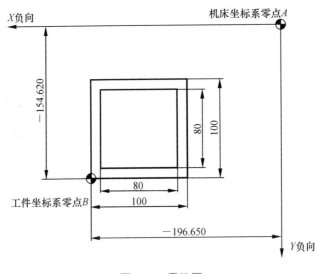

图 1-22　零件图

数控铣床常用的对刀方法有：试切对刀法、塞尺对刀法、顶尖对刀法、对刀仪对刀法。这里着重介绍常用的对刀精度较高的对刀仪对刀法。

2. 常用铣床对刀仪简介

① 寻边器。寻边器的用途是帮助找到工件上某一需要的轮廓位置，得到工件原点在机床坐标系中的坐标值。寻边器主要分为机械式寻边器和光电式寻边器两类。如图 1-23 所示的机械偏心式寻边器和图 1-24 所示的光电式寻边器，主要用于 XY 平面对刀。

② Z 向对刀仪。如图 1-25 所示的 Z 向对刀仪，在数控铣床上装好刀具后，可以通过 Z 向对刀设定 Z 向工件零点。Z 向对刀仪一般具有一定的高度值，如设定工件上表面为工件 Z 向零点，对刀时将 Z 向对刀仪放置在工件上表面，刀具接触 Z 向对刀仪时，就会发光或发出蜂鸣声，然后用当前的机床坐标值减去对刀仪的高度，得到的结果记入机床坐标寄存器中，即设定工件上表面为工件 Z 向原点。

ME-1020　　　　　　　ME-420　　　　　　　ME-610

图 1-23　机械偏心式寻边器

图 1-24　光电式寻边器

←—— 刀具

图 1-25　Z 向对刀仪

任务 1-5　思考与交流

① 使用机械偏心式寻边器对刀时，主轴转速一般在 500 r/min 左右，当寻边器靠近工

件侧面时，判断与侧面极限接触的方法是观察偏心式寻边器上、下两部分同轴情况。

② 使用光电式寻边器对刀时，主轴不允许转动。光电式寻边器的柄部和触头之间有一个固定的电位差，当触头与金属工件接触时，寻边器与床身形成回路电流，寻边器上的指示灯就被点亮。逐步减小步进增量，使触头与工件侧面处于极限接触（进一步则点亮，退一步则熄灭），即认为已定位到工件侧面的位置处。

③ 在教师的指导下，进行以下两种对刀方法的练习：直接用刀具进行试切对刀，用塞尺对刀，比较其与寻边器对刀方法的优劣。

④ 图 1-1 中，如果将工件 XY 零点设在图形几何中心，请描述用寻边器对刀方法进行对刀的操作步骤，并进行对刀操作，设定为零点 G54 寄存。

项目二

零件的工艺分析

【教学重点】

· 工艺路线的确定
· 工件装夹方法
· 数控铣刀的选择
· 切削用量的选择
· 工艺卡片的填写

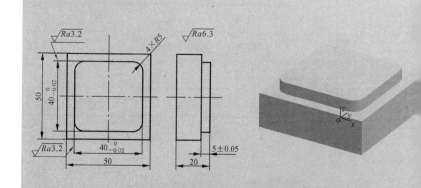

项目教学建议

序　号	任　务	建议学时数	建议教学方式	备　注
1	任务 2-1-1	5		
2	任务 2-1-2	1		
3	任务 2-2	4		
4	任务 2-3	4		
5	任务 2-4	4		
6	任务 2-5	4		
总计		22		

项目教学准备

序　号	任　务	设备准备	刀具准备	材料准备
1	任务 2-1-1			
2	任务 2-1-2			
3	任务 2-2			
4	任务 2-3			
5	任务 2-4			
6	任务 2-5			

项目教学评价

序　号	任　务	教　学　评　价		
1	任务 2-1-1	好□	一般□	差□
2	任务 2-1-2	好□	一般□	差□
3	任务 2-2	好□	一般□	差□
4	任务 2-3	好□	一般□	差□
5	任务 2-4	好□	一般□	差□
6	任务 2-5	好□	一般□	差□

任务 2-1　工艺路线的确定

任务 2-1-1　任务描述

图 2-1 所示的是一个方形凸台零件，毛坯尺寸为 55 mm×55 mm×25 mm，材料为 45 钢，热处理为正火。试确定其铣削加工工艺路线。

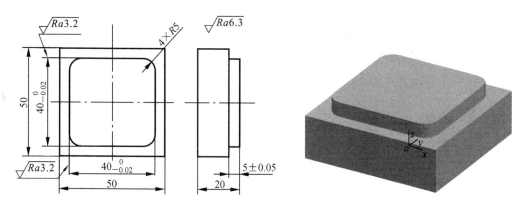

图 2-1　方形凸台零件图及实体图

任务 2-1-1　工作过程

第 1 步　阅读与该任务相关的知识，分析图 2-1 所示零件，确定工艺路线。

第 2 步　划分工序。整个加工过程划分三个工序，分别是铣侧平面，铣上、下平面，铣凸台轮廓。

第 3 步　安排加工顺序。根据"基准面先行，先粗后精，先主后次，先面后孔"的原则，安排以下加工顺序。

① 铣侧平面。

② 粗、精铣下平面。

③ 粗、精铣上平面及凸台轮廓。

任务 2-1-2　任务描述

图 2-2 所示的是油泵端盖零件，已知毛坯材料为 HT200，试确定工件的加工工艺路线。

任务 2-1-2　工作过程

第 1 步　阅读与该任务相关的知识，分析图 2-2 所示零件。

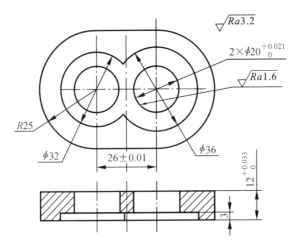

图 2-2　油泵端盖

第 2 步　确定工艺路线。

① 铣上平面。

② 铣 $\phi36$ 和 $\phi32$ 组成的内轮廓。

③ 铣外轮廓。

④ 镗 2 个 $\phi20$ 孔。

任务 2-1　相关知识

数控铣削加工工艺路线是数控铣削加工程序编制的基础。工艺路线的制定是在零件图的工艺分析基础上进行的。

1. 零件图的工艺分析

数控加工时，只有在制定合理的加工工艺之后才能编制出合理的加工程序，因此必须建立"先工艺后程序"的概念。要制定合理的加工工艺，必须对被加工零件进行全面的分析。

分析零件图就是对所设计的零件在满足使用要求的前提下进行制造可行性和经济性分析。分析零件时，首先要读懂零件图，然后再看零件的使用要求，包括性能、在整机中的用途和工作条件等。一般可从以下几个方面入手。

① 分析零件图尺寸的标注是否合理。在数控加工程序中，所有尺寸都是以编程原点为基准的，零件图应以同一基准标注尺寸或直接给出坐标尺寸。这种尺寸标注方法不仅便于编程，也便于尺寸之间的相互协调，同时还在保证设计基准、工艺基准、测量基准和编程基准一致性方面带来方便。

出于装配、使用、尺寸标注简单等方面的考虑，设计人员在标注尺寸时，常采用局部分散的尺寸标注方法。这种方法给数控程序的编制、工序的安排和加工带来不便。这就需要数控工艺及编程人员对尺寸标注进行处理，将分散标注法改为以同一基准标注尺寸或直接给出坐标尺寸的标注法。如图 2-3 所示的就是直接给出坐标尺寸的标注法。

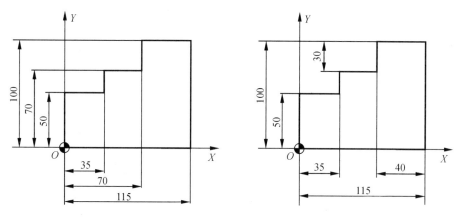

图 2-3 尺寸标注

② 分析构成零件的几何要素是否完整、准确。在编制程序时，编程人员必须充分掌握构成零件轮廓的几何要素及各几何要素间的关系。自动编程时要对零件轮廓的所有几何元素进行定义；手工编程时要计算出每个基点的坐标。由于零件设计考虑不周的情况难以避免，因此，在审查与分析零件图时，一定要仔细核算，发现问题及时与设计人员联系。

③ 分析零件的技术要求。零件的技术要求包括尺寸精度、形位公差、表面粗糙度及热处理要求等。过低的要求会影响使用性能，过高的要求会增加加工难度、提高制造成本。

④ 分析零件的材料。在满足零件使用功能的前提下，应选择价格合理的原材料，避免用贵重、紧缺材料。另外，零件材料及热处理要求的不同是选择刀具、切削用量的主要依据。零件材料选择不当，会增加工艺难度，提高制造成本。

2. 确定工艺路线

数控加工工艺路线设计与通用机床加工工艺路线设计的主要区别，在于它往往不是指从毛坯到成品的整个工艺过程，而仅仅是几道数控加工工序工艺过程的具体描述。因此，在工艺路线设计中一定要注意到这一点。由于数控加工工序一般都穿插于零件加工的整个工艺过程中，因而要与其他加工工艺衔接好，常见的工艺流程如图 2-4 所示。

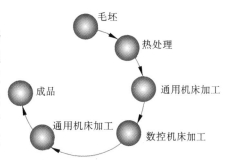

图 2-4 零件加工工艺路线流程图

（1）工序的划分

根据数控加工的特点，数控加工工序的划分一般可按以下方法进行。

① 以一次安装后加工划分工序。这种方法适合于加工内容较少的零件，加工完后就能达到待检状态。

② 以同一把刀具加工的内容划分工序。有些零件在一次安装加工中有多个加工面，

需要使用多把刀具，这种情况可以根据同一把刀具加工的内容进行工序划分。

③ 以加工部位划分工序。对于加工内容很多的工件，可按其结构特点将加工部位分成几个部分，如内腔、外形、曲面或平面，并将每一部分的加工作为一道工序。

④ 以粗、精加工划分工序。一般来说，凡要进行粗、精加工的，都要将工序分开。

注意：上道工序的加工不能影响下道工序的定位与夹紧，中间穿插有通用机床加工工序的也应综合考虑。

（2）加工顺序的安排

加工顺序的安排应根据零件的结构和毛坯情况，重点保证工件的刚度不被破坏，减少工件变形。一般应遵循以下原则。

① 基面先行原则。用于精基准的表面或孔先加工。加工零件时总是先对定位基准，如轴类零件的中心孔、箱体零件的平面及定位孔等进行加工。在制定零件的整体工艺路线时，一般从最后一道工序往前推，按照前工序为后工序提供基准的原则安排加工顺序。

② 先粗后精原则。一般情况下按照粗加工、半精加工、精加工的顺序安排加工顺序。

③ 先主后次原则。即先加工主要部位，保证主要尺寸，再加工次要部位。

④ 先面后孔原则。对于箱体、支架等零件，应先加工平面，再以平面为基准加工孔。

（3）数控加工工序与普通工序的衔接

数控加工工序前后一般都会穿插有其他普通加工工序，如衔接得不好就容易产生矛盾。因此，在熟悉整个加工工艺内容的同时，要清楚数控加工工序与普通加工工序各自的技术要求、加工目的、加工特点，例如，要不要留加工余量，留多少；定位面与孔的精度要求及形位公差；对外形工序的技术要求；对毛坯的热处理要求等。

（4）加工路线的确定

在数控加工中，刀具刀位点相对于工件运动的轨迹称为加工路线。加工路线的确定原则主要有以下几点。

- 保证被加工零件的精度和表面质量。
- 使数值计算简单，以减少编程工作量。
- 使加工路线最短，这样，既可简化程序段，又可减少空走刀时间。

加工路线的确定应从以下三个方面着手。

① 合理选择对刀点。

确定合理的刀具与工件的相对位置，就要合理选择对刀点。对于数控机床来说，在加工开始时，确定刀具与工件的相对位置是很重要的。这一相对位置是通过确认对刀点来实现的。对刀点是数控加工时刀具相对于零件运动的起点，可以设置在被加工零件上，也可以设置在与零件定位基准有一定尺寸联系的夹具的某一位置上。对刀点的选择原则如下。

- 对刀点应选在容易找正、便于确定零件加工原点的位置。
- 对刀点应选在加工时检验方便、可靠的位置。
- 通常，对刀点选在编程原点。

② 正确选择顺铣、逆铣。

铣刀与工件接触部分的旋转方向与工件进给方向相同，称为顺铣，反之则称为逆铣，如图 2-5 所示。

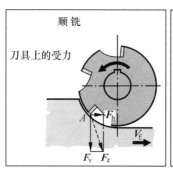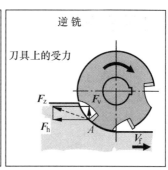

图 2-5　顺铣、逆铣示意图

顺铣时，每个刀齿的切削厚度都是由大到小逐渐变化的，当刀齿刚与工件接触时，切削厚度最大，脱离工件时切得最少；作用在工件上的垂直铣削力始终是向下的，能起到压住工件的作用，对铣削加工有利，且垂直铣削力的变化较小，故产生的振动也小，机床受冲击小，有利于减小工件加工表面的表面粗糙度，从而可得到较好的表面质量；另外，顺铣还有利于排屑。逆铣时，每个刀齿刚切入材料时切得很薄，而脱离工件时则切得厚，因此，机床受冲击较大，加工后的表面不如顺铣光洁；由于切削刃在加工表面上要滑动一小段距离，切削刃容易磨损，而顺铣时切削刃一开始就切入工件，切削刃比逆铣时磨损小，铣刀使用寿命比较长，所以，数控铣削加工一般尽量用顺铣法加工。但是，对于表面有硬皮的毛坯工件，由于顺铣时铣刀刀齿一开始就切削到硬皮，切削刃容易损坏，而逆铣则无此问题。

③ 选择合适的进、退刀路线（切入、切出）。

考虑刀具的进、退刀（切入、切出）路线时，应使刀具的切出或切入点在沿零件轮廓的切线上，以保证工件轮廓光滑；应避免在工件轮廓面上垂直上、下刀而划伤工件表面；应尽量减少在轮廓加工过程中的暂停（因切削力突然变化会造成弹性变形），以免留下刀痕，如图 2-6 所示。

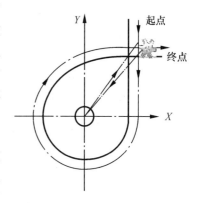

图 2-6　铣削外轮廓的进给路线

 任务 2-1　思考与交流

① 零件图工艺分析的内容有哪些？

② 数控铣削加工工艺路线制定的步骤和内容有哪些？

③ 如图 2-7 所示的平面轮廓零件加工可以划分成几种加工路线，并对其优劣性进行分析。

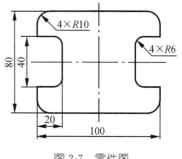

图 2-7　零件图

任务 2-2　工件装夹方法

任务 2-2　任务描述

如图 2-8 所示凸台零件中，已知毛坯尺寸为 65 mm×65 mm×45 mm，材料为 45 钢。试确定工件的装夹方法。

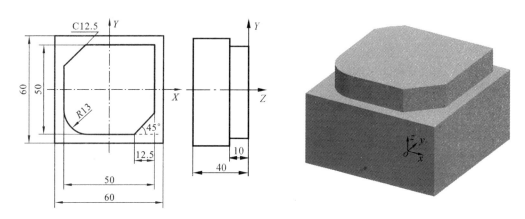

图 2-8　方形凸台零件图及实体图

任务 2-2　工作过程

第 1 步　阅读与该任务相关的知识，熟悉铣削加工夹具的种类和用途。

① 通用夹具。通用夹具已经标准化，无须调整或稍加调整就可以用来装夹不同工件，如平口虎钳、压板、万能分度头等。

② 专用夹具。专门为某一零件或某一加工工序设计制造的夹具称为专用夹具。

③ 组合夹具。按一定的工艺要求，由一套预先制造好的通用标准元件和部件组装而成的夹具称为组合夹具。

④ 特种夹具。为某种特殊需要制造的夹具称为特种夹具。

第 2 步　分析零件图，确定方形凸台零件的装夹方案。装夹方案包括定位基准和夹紧方案的选择。此工件属于方形零件，用平口虎钳加垫板即可完成定位和装夹。

任务 2-2　相关知识

1. 数控铣削工件的定位

定位就是确定工件在夹具中占有正确位置的过程。定位是通过工件定位基准面与夹具定位元件的定位面接触或配合来实现的。正确的定位可以保证工件加工面的尺寸和位置精度要求。

在制定工艺规程时，定位基准选择得正确与否，对零件的尺寸精度和相互位置精度、零件各表面间的加工顺序都有很大影响。当用夹具安装工件时，定位基准的选择还会影响到夹具结构的复杂程度。因此，定位基准的选择是一个很重要的工艺问题。

定位基准分为粗基准和精基准两种。选择精基准时，主要应考虑如何保证加工精度和如何使工件安装方便、可靠。其选择原则如下。

① 基准重合原则。选用设计基准作为定位基准，以避免定位基准与设计基准不重合而引起的基准不重合误差。

② 基准统一原则。用同一组基准定位加工零件时，应尽可能使它能加工更多的表面以简化工艺，减少夹具设计、制造的工作量和成本，缩短生产准备周期。

③ 自为基准原则。对于某些要求加工余量小而均匀的精加工工序，应选择加工表面本身作为定位基准，即自为基准。

④ 互为基准原则。当对工件上两个相互位置精度要求很高的表面进行加工时，需要用两个表面互相作为基准，反复进行加工，以保证位置精度要求。

选择粗基准时，主要应考虑使各加工面有足够的余量，使加工面与不加工面间的位置符合图样要求，并要特别注意尽快获得精基准。具体选择时应考虑下列原则：

① 选择重要表面为粗基准；

② 选择不加工表面为粗基准；

③ 选择加工余量最少的表面为粗基准；

④ 选择较为平整光洁、加工面积较大的表面为粗基准；

⑤ 粗基准在同一尺寸方向上只能使用一次。

2. 数控铣削工件的夹紧

① 夹紧的概念。夹紧就是工件定位后将其固定，使其在加工过程中保持定位位置不变的操作。由于工件在加工时，要受到各种力的作用，若不将工件固定，则工件会松动、脱落。因此，夹紧为工件提供了安全、可靠的加工条件。

② 夹紧装置。在机械加工过程中，为保持工件定位时所确定的正确加工位置，防止工件在切削力、惯性力、离心力和重力的作用下发生位移和振动，一般机床夹具都应有一个夹紧装置，以将工件夹紧。夹紧装置分为手动夹紧装置和机动夹紧装置两类。根据结构特点和功用，典型夹紧装置由驱动部分、楔紧部分和夹持部分三部分组成，如图 2-9 所示。

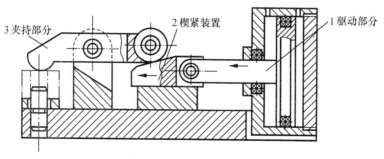

图 2-9 夹紧装置的组成

③ 确定夹紧方案时，应注意以下问题：

● 夹紧机构和其他元件不得影响刀具进给，加工部位要敞开；

● 必须保证最小的夹紧变形；

● 装卸方便，辅助时间尽量短；

● 加工小型零件时，工作台上可同时装夹几个进行加工，以提高加工效率；

● 夹具结构力求简单。

3. 常用夹具介绍

① 平口虎钳。通用平口虎钳如图 2-10 所示。

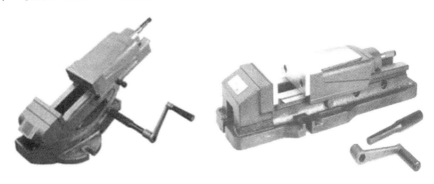

图 2-10　平口虎钳

② 组合夹具。典型孔系组合夹具如图 2-11 所示。

图 2-11　组合夹具

 任务 2-2　思考与交流

① 什么是定位？定位精基准的选择原则是什么？

② 简述典型夹具的组成。

③ 简述利用平口虎钳装夹工件时的操作要点。

任务 2-3　数控铣刀的选择

任务 2-3　任务描述

如图 2-12 所示，零件毛坯尺寸为 105 mm×105 mm×30 mm，材料为 45 钢，试选择所需的数控铣刀。

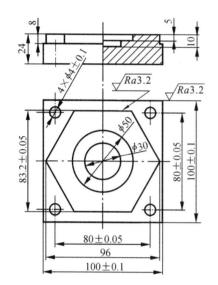

图 2-12　六方形台阶零件图及实体图

任务 2-3　工作过程

第 1 步　阅读与该任务相关的知识，分析图 2-12 所示零件，确定六方形台阶零件所用铣刀的类型。

第 2 步　选择 ϕ120 面铣刀，用于粗、精加工上、下平面。

第 3 步　选择 ϕ12 麻花钻，用于钻出入刀孔。

第 4 步　选择 ϕ20 硬质合金立铣刀，用于粗、精加工正方体外轮廓、六边形凸台轮廓、ϕ30 和 ϕ50 内轮廓。

第 5 步　选择 ϕ4 麻花钻，用于 4×ϕ4 孔的钻削加工。

任务 2-3　相关知识

1. 数控铣削刀具的基本要求

数控铣削刀具的基本要求有两点：一是铣刀刚性要好；二是铣刀的耐用度要高。

① 铣刀刚性要好。当工件各处的加工余量相差悬殊时，通用铣床很容易采取分层铣削的方法予以解决，而数控铣削就必须按程序规定的走刀路线前进，余量大时无法像通用铣床那样"随机应变"，除非在编程时能够预先考虑到，否则，铣刀就必须返回原点，用改变切削面高度或加大刀具半径补偿值的方法从头开始加工，多走几刀，由此造成余量少的地方经常要走空刀，会降低生产效率。但是，如果刀具刚性较好就不必这么做。再者，在通用铣床上加工时，遇到刚性不好的刀具比较容易从振动、手感等方面及时发现并及时调整切削用量予以弥补，而数控铣削则很难办到。在数控铣削中，因铣刀刚性较差而断刀并造成工件损伤的事例是常有的，所以解决数控铣刀的刚性问题是至关重要的。

② 铣刀的耐用度要高。当一把铣刀加工的内容很多时，如果刀具不耐用，磨损快，就会影响工件的表面质量与加工精度，而且会增加换刀引起的调刀与对刀次数，使工件表面留下因对刀误差而形成的接刀台阶，从而会降低工件的表面质量。

除上述两点之外，铣刀切削刃的几何角度参数的选择及排屑性能等也非常重要，切屑黏刀形成积屑瘤在数控铣削中是十分忌讳的。总之，根据被加工工件材料的热处理状态、切削性能及加工余量，选择刚性好、耐用度高的铣刀，是充分发挥数控铣床的高生产效率和获得满意的加工质量的前提。

2. 常用刀具材料

刀具材料可分为工具钢、高速钢、硬质合金、陶瓷和超硬材料五大类。目前，生产中所用的刀具材料以高速钢和硬质合金居多。碳素工具钢（如 T10A、T12A）、合金工具钢（如 9SiCr、CrWMn）因耐热性差，仅用于制造一些手工或切削速度较低的刀具。

（1）高速钢

高速钢是在合金工具钢中加入较多的钨、钼、铬、钒等合金元素形成的高合金工具钢。以重量计其碳的质量分数为 $0.7\% \sim 1.5\%$，钨的质量分数为 $10\% \sim 20\%$，铬的质量分数约为 4%，钒的质量分数为 $1\% \sim 5\%$。它具有较高的强度、韧度和耐热性，其高温硬度可达 $63 \sim 65HRC$，红硬度温度达 $600 \sim 660$ ℃，具有较好的工艺性，是目前应用最广泛的刀具材料。因刃磨时易获得锋利的刃口，故高速钢又称为"锋钢"。

高速钢按用途不同，可分为普通高速钢、高性能高速钢和粉末冶金高速钢等。

① 普通高速钢具有一定的硬度（$62 \sim 67HRC$）和耐磨性、较高的强度和韧度，切削钢料时切削速度一般不高于 $50 \sim 60$ m/min，不适合高速切削和对硬材料的切削。常用的普通高速钢牌号有 W18Cr4V、W6Mo5Cr4V2。其中，W18Cr4V 具有较好的综合性能，可用于制造各种复杂刀具；W6Mo5Cr4V2 的强度和韧度高于 W18Cr4V，并具有热塑性好和磨削性能好等优点，但热稳定性低于 W18Cr4V，常用于制造麻花钻。

② 在普通高速钢中增加碳、钒或加入一些其他合金元素（如钴、铝等）就可得到耐热性、耐磨性更高的高性能高速钢，它能在 $630 \sim 650$℃时仍保持 $60HRC$ 的硬度。这类高速钢刀具主要用于加工奥氏体不锈钢、高强度钢、高温合金、钛合金等难加工的材料。这类钢的综合性能不如普通高速钢。常用的高性能高速钢牌号有 9W18Cr4V、9W6Mo5Cr4V2、W6Mo5Cr4V3、W6Mo5Cr4V2Co8 及 W6Mo5Cr4V2Al 等。

③ 粉末冶金高速钢是用高压氩气或纯氮气雾化熔融的高速钢钢水，直接得到细小的高速钢粉末，再在高温下压制成致密的钢坯，然后锻轧或按刀具形状而制成的。其强度和

韧度分别是熔炼高速钢的 2 倍和 2.5～3 倍；磨削加工性好；物理、力学性能高度各向同性，淬火变形小；耐磨性提高 20%～30%，适合于制造切削难加工材料的刀具、大尺寸刀具、精密刀具、磨削加工量大的复杂刀具、高压动载荷下使用的刀具等。

（2）硬质合金

硬质合金是由硬度和熔点都很高的碳化物（WC、TiC、TaC、NbC 等），用 Co、Mo、Ni 做黏结剂烧结而成的粉末冶金制品。其常温硬度可达 78～82 HRC，能耐 850～1000℃ 的高温，切削速度比高速钢高 4～10 倍，但其冲击韧度与抗弯强度远比高速钢差，因此很少做成整体式刀具。实际使用中，常将硬质合金刀片焊接或用机械夹固的方式固定在刀体上。

目前，我国生产的硬质合金主要分为三类。

① K 类（YG）。K 类合金就是钨钴类硬质合金，由碳化钨和钴组成。这类硬质合金韧度较高，但硬度和耐磨性较差，适用于加工铸铁、青铜等脆性材料。常用的 K 类硬质合金牌号有 YG8、YG6、YG3，它们制造的刀具依次适用于粗加工、半精加工和精加工。其中的数字表示 Co 的质量分数，如 YG6 即 Co 的质量分数为 6%。含 Co 越多，则韧度越高。

② P 类（YT）。P 类合金就是钨钴钛类硬质合金，由碳化钨、碳化钛和钴组成。这类硬质合金的耐热性和耐磨性较好，但抗冲击韧度较差，适用于加工钢料等韧性材料。常用的 P 类硬质合金牌号有 YT5、YT15、YT30 等。其中的数字表示碳化钛的质量分数。碳化钛的含量越高，则耐磨性越好，韧度越低。这三种牌号的硬质合金制造的刀具分别适用于粗加工、半精加工和精加工。

③ M 类（YW）。M 类合金就是钨钴钛钽铌类硬质合金，是在钨钴钛类硬质合金中加入少量的稀有金属碳化物（TaC 或 NbC）组成的。它具有前两类硬质合金的优点，用其制造的刀具既能加工脆性材料，又能加工韧性材料，同时还能加工高温合金、耐热合金及合金铸铁等难加工的材料。常用的 M 类硬质合金牌号有 YW1、YW2。

3. 常用数控铣刀

常用数控铣刀种类如图 2-13 所示。以下介绍几个主要的刀型。

(a) 硬质合金涂层立铣刀和可转位球头刀、面铣刀等

(b) 整体硬质合金球头刀

(c) 硬质合金可转位立铣刀

(d) 硬质合金可转位三面刃铣刀

图 2-13 常用数控铣刀的种类

（1）立铣刀

立铣刀的主切削刃分布在铣刀的圆柱面上，副切削刃分布在铣刀的端面上，且端面中心有顶尖孔，因此，铣刀铣削时一般不能沿轴向作进给运动，只能沿铣刀径向作进给运动。

端面立铣刀应用广泛，但切削效率较低，主要用于平面轮廓零件加工。立铣刀实物图和零件图如图 2-14 所示。

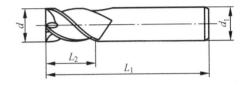

图 2-14　立铣刀

（2）球头铣刀

球头铣刀的端面不是平面，而是带切削刃的球面，主要用于模具产品的曲面加工。曲面一般采用三坐标联动的加工方法，因为铣刀不仅能沿轴向作进给运动，也能沿径向作进给运动，而且球头与工件接触往往为一点，这样，就可以加工出复杂的成形表面。球头铣刀实物图和零件图如图 2-15 所示。

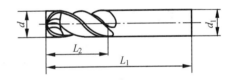

图 2-15　球头铣刀

（3）面铣刀

面铣刀主要用于立式铣床上加工平面、台阶面等。面铣刀的主要切削刃分布在铣刀的圆柱面或圆锥面上，副切削刃分布在铣刀的端面上。面铣刀实物图和零件图如图 2-16 所示。

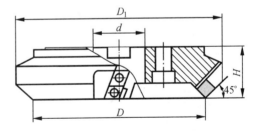

图 2-16　面铣刀

4. 刀柄系统

数控铣床、加工中心用刀柄系统由三部分组成，即刀柄、拉钉和夹头（或中间模块）。

（1）刀柄

数控铣刀通过刀柄与数控铣床主轴连接，其强度、刚性、耐磨性、制造精度以及夹紧力等对加工有直接的影响。数控铣床刀柄一般采用 7：24 锥面与主轴锥孔配合定位，刀柄及其尾部供主轴内拉紧机构用的拉钉已实现标准化，其使用的标准有国际标准（ISO）和中国、美国、德国、日本等国的标准。因此，数控铣床刀柄系统应根据所选用的数控铣床要求进行配置。

加工中心刀柄可分为整体式与模块式两类。根据刀柄柄部形式及采用国家标准的不同，我国使用的刀柄常分成 BT（日本 MAS403-75 标准）、JT（GB/T10944-1989 与 ISO7388-1983 标准，带机械手夹持槽）、ST（ISO 或 GB 标准，不带机械手夹持槽）和 CAT（美国 ANSI 标准）等几个系列，这几个系列的刀柄除局部槽的形状不同外，其余结构基本相同。根据锥柄大端直径的不同，与其相对应的刀柄又分成 40、45、50（个别还有 30 和 35）等几种不同的锥度号。40、45、50 是指刀柄的型号，并不是指刀柄实际的大端直径，如 BT/JT/ST50 和 BT/JT/ST40 分别代表锥柄大端直径为 69.85 mm 和 44.45 mm 的 7：24 锥柄。加工中心常用刀柄的类型及其使用场合见表 2-1。

表 2-1 加工中心常用刀柄的类型及其使用场合

刀柄类型	刀柄实物图	夹头或中间模块	夹持刀具	备注及型号举例
削平型工具刀柄		无	直柄立铣刀、球头铣刀、削平型浅孔钻等	JT-40-xp20-70
弹簧夹头刀柄		 ER 弹簧夹头	直柄立铣刀、球头铣刀、中心钻等	BT30-ER20-60
强力夹头刀柄		 KM 弹簧夹头	直柄立铣刀、球头铣刀、中心钻等	BT40-C22-95
面铣刀刀柄		无	各种面铣刀	BT40-XM32-75

续表

刀柄类型	刀柄实物图	夹头或中间模块	夹持刀具	备注及型号举例
三面刃铣刀刀柄		无	三面刃铣刀	BT40-XS32-90
侧固式刀柄		 粗、精镗及丝锥夹头等	丝锥及粗、精镗刀	21A. T40. 32-58
莫氏锥度刀柄		 莫氏变径套	锥柄钻头、铰刀	有扁尾 ST40-M1-45
		莫氏变径套	锥柄立铣刀和锥柄带内螺纹立铣刀等	无扁尾 ST40-MW2-50
钻夹头刀柄		 钻夹头	直柄钻头、铰刀	ST50-Z16-45
丝锥夹头刀柄		无	机用丝锥	ST50-TPG875
整体式刀柄	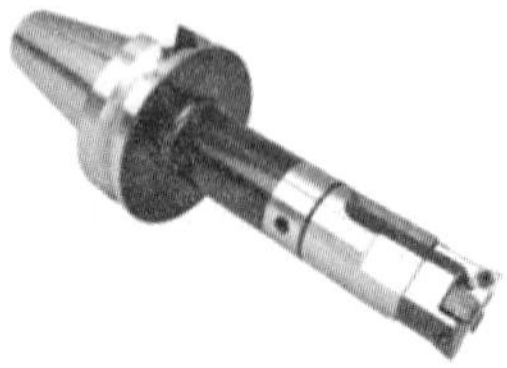	 粗、精镗刀头	整体式粗、精镗刀	BT40-BCA30-160

（2）拉钉

加工中心拉钉（图 2-17）的尺寸也已标准化，ISO和 GB 标准规定了 A 型和 B 型两种形式的拉钉，其中A 型拉钉用于不带钢球的拉紧装置，而 B 型拉钉则用于带钢球的拉紧装置。刀柄及拉钉的具体尺寸可查阅有关标准的规定。

（3）弹簧夹头及中间模块

弹簧夹头有两种，即 ER 弹簧夹头（图 2-18（a））和 KM 弹簧夹头（图 2-18（b））。其中 ER 弹簧夹头的夹紧力较小，适用于切削力较小的场合；KM 弹簧夹头的夹紧力较大，适用于强力铣削。

图 2-17 拉钉

（a）ER弹簧夹头　　　　　　　　　　（b）KM弹簧夹头

图 2-18 弹簧夹头

中间模块（图 2-19）是刀柄和刀具之间的中间连接装置，通过使用中间模块，可提高刀柄的通用性能。例如，镗刀、丝锥就经常使用中间模块与刀柄连接。

（a）精镗刀中间模块　　　　　　（b）攻螺纹夹套　　　　　　（c）钻夹头接柄

图 2-19 中间模块

 任务 2-3　思考与交流

① 常用数控刀具材料有哪些？

② 简述数控铣削加工对刀具的要求。

③ 简述常用铣削刀具的种类和主要用途。

④ 如下图所示，要将一把铣刀安装在一个弹簧夹头刀柄上，请说出其装配顺序。

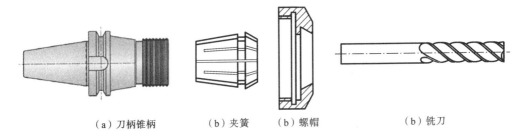

（a）刀柄锥柄　　　　（b）夹簧　（b）螺帽　　　　　（b）铣刀

任务 2-4　切削用量的选择

◎ 任务 2-4　任务描述

图 2-20 所示的为凸台零件，零件毛坯尺寸为 105 mm×105 mm×30 mm，材料为 45 钢，热处理为正火，选用硬质合金（YT15）刀具进行加工，试选择切削用量。

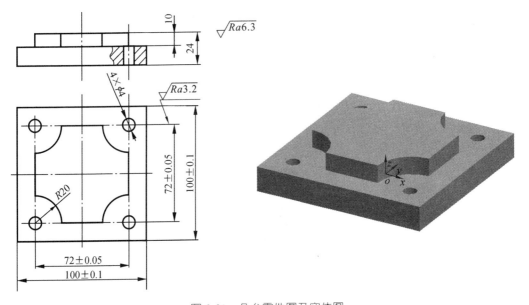

图 2-20　凸台零件图及实体图

⤳ 任务 2-4　工作过程

第 1 步　分析图 2-20 所示零件，确定凸台零件的切削用量。

第 2 步　此零件的加工主要分为：粗、精加工上平面；粗、精加工外轮廓；粗、精加工凸台轮廓。从相关知识中查得如下参考数据。

① 加工上平面时：

背吃刀量 $a_p=1$ mm；

主轴转速 $n=1500$ r/min；

进给量 $f=150$ mm/min。

② 粗加工 100×100 外轮廓时：

背吃刀量 $a_p=4$ mm；

侧吃刀量 $a_e=2$ mm；

主轴转速 $n=1000$ r/min；

进给量 $f=200$ mm/min。

③ 精加工 100×100 外轮廓时：

背吃刀量 $a_p=24$ mm；

侧吃刀量 $a_e=0.2$ mm；

主轴转速 $n=2500$ r/min；

进给量 $f=100$ mm/min。

④ 粗加工凸台轮廓时：

背吃刀量 $a_p=5$ mm；

侧吃刀量 $a_e=2$ mm；

主轴转速 $n=1000$ r/min；

进给量 $f=200$ mm/min。

⑤ 精加工凸台轮廓时：

背吃刀量 $a_p=10$ mm；

侧吃刀量 $a_e=0.2$ mm；

主轴转速 $n=3000$ r/min；

进给量 $f=80$ mm/min。

任务 2-4 相关知识

在数控机床上加工零件时，切削用量都预先编入程序中，在正常加工情况下，人工不予改变。只有在试加工或出现异常情况时，才通过速率调节旋钮或手轮调整切削用量。因此程序中选用的切削用量应是最佳的、合理的切削用量。只有这样，才能提高数控机床的加工精度、刀具寿命和生产率，降低加工成本。

选择切削用量的目的是在保证加工质量和刀具耐用度的前提下，使切削时间最短，生产率最高，成本最低。

注意：在选择切削用量时，应注意机床允许切削用量的范围。

铣削加工的切削用量包括：切削速度、进给速度、背吃刀量和侧吃刀量。

从刀具耐用度出发，切削用量的选择方法是：先选择背吃刀量或侧吃刀量，其次选择进给速度，最后确定切削速度。以下分别介绍背吃刀量和侧吃刀量、进给量和进给速度、切削速度的概念，并在图 2-21 中作出说明。

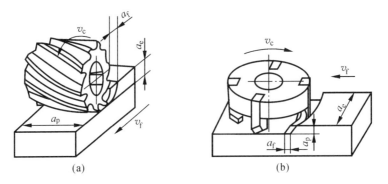

图 2-21　背吃刀量 a_p 或侧吃刀量 a_e

1. 背吃刀量 a_p 和侧吃刀量 a_e

背吃刀量 a_p 为平行于铣刀轴线测量的切削层尺寸，单位为 mm。端铣时，a_p 为切削层深度；而圆周铣削时，a_p 为被加工表面的宽度。侧吃刀量 a_e 为垂直于铣刀轴线测量的切削层尺寸，单位为 mm。端铣时，a_e 为被加工表面宽度；而圆周铣削时，a_e 为切削层深度。

背吃刀量或侧吃刀量主要根据铣床、刀具、零件的刚度等因素决定。粗加工时，在条件允许的情况下，尽可能选择较大的背吃刀量和侧吃刀量，以减少走刀次数，提高生产率；精加工时，通常选择较小的背吃刀量和侧吃刀量，以保证加工精度及表面粗糙度。

2. 进给量 f 和进给速度 v_f

铣削加工的进给量 f_r（mm/r）是指刀具转一周，工件与刀具沿进给运动方向的相对位移量；进给速度 v_f（mm/min）是单位时间内工件与铣刀沿进给方向的相对位移量。进给速度与进给量的关系为 $v_f = nf$（n 为铣刀转速，单位 r/min）。进给量与进给速度是数控铣床加工切削的重要参数。进给量可根据零件的表面粗糙度、加工精度要求、刀具及工件材料等因素，参考切削用量手册选取或通过选取每齿进给量 f_z，再根据公式 $f = Zf_z$（Z 为铣刀齿数）进行计算。

每齿进给量 f_z 主要依据工件材料的力学性能、工件表面粗糙度等因素选取。工件材料强度和硬度越高，f_z 就越小；反之则越大。硬质合金铣刀的每齿进给量高于同类高速钢铣刀。工件表面粗糙度要求越高，f_z 就越小。加工钢件的每齿进给量的确定可参考表 2-2 选取。工件刚性差或刀具强度低时，应取较小值。

表 2-2　铣刀每齿进给量参考值

工件材料	$f_z/$ mm			
	粗　铣		精　铣	
	高速钢铣刀	硬质合金铣刀	高速钢铣刀	硬质合金铣刀
钢	0.10～0.15	0.10～0.25	0.02～0.05	0.10～0.15

3. 切削速度 v_c

铣削的切削速度 v_c 与刀具的耐用度、每齿进给量、背吃刀量、侧吃刀量以及铣刀齿数成反比，而与铣刀直径成正比。其原因是当 f_z、a_p、a_e 和 Z 增大时，刀刃负荷增加，而且同时工作的齿数也增多，使切削热增加，刀具磨损加快，从而限制了切削速度的提高。为提高刀具的耐用度，提倡使用较低的切削速度，但是加大铣刀直径，则可改善散热条件，可以提高切削速度。

铣削加工的切削速度 v_c 可参考表 2-3 选取，也可参考有关切削用量手册中的经验公式通过计算选取。

表 2-3　铣削加工的切削速度参考值

工件材料	硬度/HBS	v_c / (m/min)	
		高速钢铣刀	硬质合金铣刀
钢	<225	18～42	66～150
	225～325	12～36	54～120
	325～425	6～21	36～75
铸铁	<190	21～36	66～150
	190～260	9～18	45～90
	260～320	4.5～10	21～30

任务 2-4　思考与交流

① 铣削加工切削用量的要素包括哪些？

② 主轴转速和切削速度的关系是什么？

③ 简述切削用量的选择原则。

④ 当铣削一直径为 60 mm 的螺纹底孔时，使用切削速度为 170 m/min 的某品牌整体硬质合金铣刀，铣刀直径为 12 mm，此时主轴转速应设为 _____ r/min 较合适。

A. 900　　　　B. 2800　　　　C. 4500　　　　D. 10000

任务 2-5　工艺文件的编写

任务 2-5　任务描述

如图 2-22 所示的零件，零件毛坯尺寸为 105 mm×105 mm×25 mm，材料为 45 钢。在拟定工艺方案后编制加工工艺文件（包括数控加工刀具卡、工序卡和程序单）。

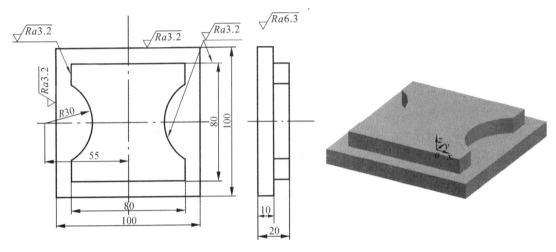

图 2-22　凸台零件图及实体图

任务 2-5　工作过程

第 1 步　分析图 2-22 所示零件，确定加工方案如下：

① 铣上平面；

② 粗铣外轮廓；

③ 粗铣凸台轮廓；

④ 精铣外轮廓；

⑤ 精铣凸台轮廓。

第 2 步　填写数控加工刀具卡（表 2-4）。

表 2-4　数控加工刀具卡

产品名称或代号			零件名称		零件图号	05
序号	刀具号	刀具名称及规格	数量	加工表面		备注
1	T01	ϕ150 硬质合金面铣刀	1	铣上平面		
2	T02	ϕ20 硬质合金立铣刀	1	粗铣 100×100 及凸台轮廓		
3	T03	ϕ20 硬质合金立铣刀	1	精铣 100×100 及凸台轮廓		
编制		审核	批准		共 1 页	第 1 页

第 3 步　填写数控加工工序卡（表 2-5）。

表 2-5　数控加工工序卡

单位名称		产品名称或代号		零件名称	零件图号
				凸台零件	01
工序号	程序编号	夹具名称	使用设备		车间
002	01002	平口虎钳	XK5032A		
工步号	工步内容	刀具号	刀具规格	主轴转速 $n/(\text{r/min})$	进给量 $f/(\text{mm/min})$	背吃刀量 a_p/mm	备注

工步号	工步内容	刀具号	刀具规格	主轴转速 $n/(\text{r/min})$	进给量 $f/(\text{mm/min})$	背吃刀量 a_p/mm	备注
1	加工上平面	T01	$\phi150$	1500	150	2	
2	粗铣 100×100 外轮廓	T02	$\phi20$	1000	200	4	
3	粗铣凸台轮廓	T02	$\phi20$	1000	200	5	
4	精铣 100×100 外轮廓	T03	$\phi20$	2500	100	24	
5	精铣凸台轮廓	T03	$\phi20$	3000	80	10	

编制		审核		批准		日期		共 1 页	第 1 页

第 4 步　编写数控加工程序单（外轮廓和凸台轮廓的精加工程序，见表 2-6）。

表 2-6　数控加工程序单

程序号：01005

程 序 段 号	程 序 内 容	说　明
N10	G54 G40 G90 G97 G94	建立工件坐标系，设置工艺加工状态
N20	M03 S600 T03	主轴正转，转速 2 500 r/min 换 3 号刀
N30	M07	打开切削液
N40	G00 X0 Y0 Z20	快速定位到工件上方
N50	X−50 Y−70	快速定位到外轮廓起刀点上方
N60	G01 Z−20	下刀
N70	G41 G01 X−50 Y−50 D03 F100	完成刀具半径补偿
N80	G01 Y50	加工 100×100 外轮廓
N90	X50	
N100	Y−50	
N110	X−70	
N120	G40	取消刀具半径补偿
N130	G00 Z−10	抬刀
N140	G00 X−40 Y−60	快速定位到凸台轮廓起刀点

续表

	程序号：01005	
程序段号	程序内容	说　　明
N150	G41 G01 X－40 Y－40 D03 F80	完成刀具半径补偿
N160	G01 Y－26	加工凸台轮廓
N170	G03 X－40 Y26 R30	
N180	G01 Y40	
N190	X40	
N200	Y26	
N210	G03 X－40 Y－26 R30	
N220	G01 Y－40	
N230	X－60	
N240	G40	取消刀具半径补偿
N250	G00 Z20	抬刀
N260	X0 Y0	
N270	M05	主轴停转
N280	M30	程序结束

任务 2-5　相关知识

数控加工工艺文件不仅是进行数控加工和产品验收的依据，而且也是操作者遵守和执行的规程，同时还为产品零件重复生产积累了必要的工艺资料，完成了技术储备。这些技术文件是对数控加工的具体说明，目的是让操作者更明确加工程序的内容、装夹方式、各个加工部位所选用的刀具及其他技术问题。该文件包括数控加工工序卡、数控加工刀具卡、数控加工程序单等。下面介绍常用文件格式，文件格式可根据企业实际情况自行设计。

1. 数控加工刀具卡

数控加工对刀具的要求十分严格，一般要在机外对刀仪上调整好刀具的位置和长度。刀具卡主要反映刀具编号、刀具名称、刀具数量、刀具规格等内容。它是调刀人员准备和调整刀具、机床操作人员输入刀补参数的主要依据。表 2-7 所示的是数控切削加工刀具卡的一种格式。

2. 数控加工工序卡

数控加工工序卡是编制加工程序的主要依据，是操作人员进行数控加工的指导性文件。

表 2-7　数控切削加工刀具卡

产品名称或代号			零件名称		零件图号		
序号	刀具号	刀具名称及规格	数量		加工表面		备注
编制		审核		批准		共 1 页	第 1 页

数控加工工序卡与普通机床加工工序卡有较大区别。数控加工一般采用工序集中原则，每一加工工序可划分为多个工步，数控加工工序卡包括：工步顺序、工步内容、各工步使用的刀具和切削用量等。它不仅是编程人员编制程序时必须遵循的基本工艺文件，而且也是指导操作人员进行数控机床操作和加工的主要资料。数控加工工序卡可采用不同的格式和内容，表 2-8 所示的是数控铣削加工工序卡的一种格式。

表 2-8　数控铣削加工工序卡

单位名称			产品名称或代号		零件名称		零件图号
工序号		程序编号		夹具名称	使用设备		车间
工步号	工步内容		刀具号	刀具规格	主轴转速 $n/(\mathrm{r/min})$	进给量 $f/(\mathrm{mm/r})$	背吃刀量 $a_{\mathrm{p}}/\mathrm{mm}$	备注
编制	审核		批准		日期		共 1 页	第 1 页

3. 数控加工程序单

数控加工程序单是编程人员根据工艺分析情况，经过数值计算，按照数控机床的程序格式和指令代码特点编制的。它是记录数控加工工艺过程、工艺参数、位移数据的清单，可帮助操作者正确理解加工程序内容，是手动数据输入（MDI）实现数控加工的主要依据。不同的数控机床和数控系统，程序单的格式是不一样的。表 2-9 所示的是常用的数控铣削加工程序单的格式。

表 2-9　数控铣削加工程序单

程序号：		
程 序 段 号	程 序 内 容	说　　明

任务 2-5　思考与交流

① 为什么要编制数控加工工艺文件？数控加工工艺文件主要包括哪些内容？

② 自己选择一个工件，在拟定工艺方案的基础上编制工艺文件。

项目三

数控铣削程序编制

【教学重点】

- 数控铣削编程的基本知识
- 坐标系相关指令
- 直线插补指令G00、G01的应用
- 圆弧进给指令G02、G03的应用
- 刀具半径补偿指令G40、G41、G42的应用
- 刀具长度补偿指令G43、G44、G49的应用
- 固定循环指令
- 简化编程指令

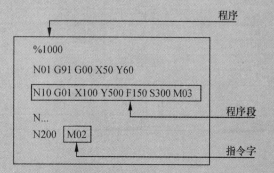

项目教学建议

序　号	任　务	建议学时数	建议教学方式	备　注
1	任务 3-1-1	1	讲授、分组讨论、仿真教学	
2	任务 3-1-2	1	讲授、分组讨论、仿真教学	
3	任务 3-2	2	讲授、分组讨论、仿真教学	
4	任务 3-3	2	讲授、分组讨论、仿真教学	
5	任务 3-4	4	讲授、分组讨论、仿真教学	
6	任务 3-5	4	讲授、分组讨论、仿真教学	
7	任务 3-6-1	1	讲授、分组讨论、仿真教学	
8	任务 3-6-2	1	讲授、分组讨论、仿真教学	
9	任务 3-7-1	1	讲授、分组讨论、仿真教学	
10	任务 3-7-2	1	讲授、分组讨论、仿真教学	
11	任务 3-7-3	1	讲授、分组讨论、仿真教学	
12	任务 3-7-4	1	讲授、分组讨论、仿真教学	
13	任务 3-8	4	讲授、分组讨论、仿真教学	
总计		24		

项目教学准备

序　号	任　务	设备准备	刀具准备	材料准备
1	任务 3-1	数控铣床 10 台或仿真教学机房 1 个		
2	任务 3-2	数控铣床 10 台或仿真教学机房 1 个		
3	任务 3-3	数控铣床 10 台或仿真教学机房 1 个		
4	任务 3-4	数控铣床 10 台或仿真教学机房 1 个		
5	任务 3-5	数控铣床 10 台或仿真教学机房 1 个		
6	任务 3-6-1	数控铣床 10 台或仿真教学机房 1 个		
7	任务 3-6-2	数控铣床 10 台或仿真教学机房 1 个		
8	任务 3-7-1	数控铣床 10 台或仿真教学机房 1 个		
9	任务 3-7-2	数控铣床 10 台或仿真教学机房 1 个		
10	任务 3-7-3	数控铣床 10 台或仿真教学机房 1 个		
11	任务 3-7-4	数控铣床 10 台或仿真教学机房 1 个		
12	任务 3-8	数控铣床 10 台或仿真教学机房 1 个		

注：以每 40 名学生为一教学班，每 3～5 名学生为一个任务小组

项目教学评价

序　号	任　务	教学评价		
1	任务 3-1-1	好□	一般□	差□
2	任务 3-1-2	好□	一般□	差□
3	任务 3-2	好□	一般□	差□
4	任务 3-3	好□	一般□	差□
5	任务 3-4	好□	一般□	差□
6	任务 3-5	好□	一般□	差□
7	任务 3-6	好□	一般□	差□
8	任务 3-7-1	好□	一般□	差□
9	任务 3-7-2	好□	一般□	差□
10	任务 3-7-3	好□	一般□	差□
11	任务 3-8	好□	一般□	差□

任务 3-1 数控铣削编程的基本知识

任务 3-1-1 任务描述

根据表 3-1 中文件名为"03001"的程序单，填写表 3-2 中与程序结构相关的各项内容。

表 3-1 程序单

03001
%3001
N10 G54 G90 G00 X－60 Y－60
N20 M03 S600
N30 G43 H01 Z100
N40 Z5
N50 G01 Z－5 F80
N60 G41 X－40 D01
N70 Y40
N80 X20
N90 G03 X40 Y20 R20
N95 G01 Y－40
N100 X－60
N110 G40 Y－60
N120 G00 Z100
N130 M05
N140 M30

表 3-2 任务表格

序 号	项 目	内 容
1	该程序的文件名	
2	该程序的程序号	
3	该程序包含几个程序段	
4	程序段"N10 G54 G90 G00 X－60 Y－60"中含有几个指令字	
5	该程序中出现了哪几种功能字	
6	指令字"S600"中的字母"S"是什么功能字	
7	程序段"N90 G03 X40 Y20 R20"中有几个尺寸字	
8	该程序的结束符	

任务 3-1-1 工作过程

第1步 阅读与该任务相关的知识。

第2步 填写表 3-2 中的"内容"栏目。完成任务的结果如表 3-3 所示。

表 3-3 已完成任务的表格

序 号	项 目	内 容
1	该程序的文件名	03001
2	该程序的程序号	3001
3	该程序包含几个程序段	15 个
4	程序段"N10 G54 G90 G00 X－60 Y－60"中含有几个指令字	6 个
5	该程序中出现了哪几种功能字	％，N，G，M，S，F，H，D，X，Y，Z，R
6	指令字"S600"中的字母"S"是什么功能字	主轴功能字
7	程序段"N90 G03 X40 Y20 R20"中有几个尺寸字	3 个
8	该程序的结束符	M30

任务 3-1-1 相关知识

一个零件的加工程序是由一组被传送到数控装置中的指令和数据组成的，也就是由遵循一定结构句法和格式规则的若干个程序段组成的，而每个程序段是由若干个指令字组成的。程序的结构如图 3-1 所示。

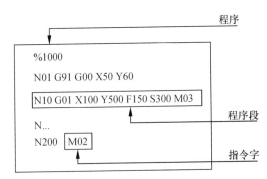

图 3-1 程序的结构

1. 数控程序的格式

数控加工中零件加工程序的组成形式，随数控系统功能的强弱而略有不同。华中数控世纪星 HNC-21M 数控系统的程序结构如图 3-2 所示。

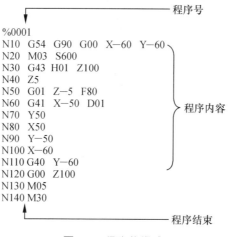

程序号

```
%0001
N10  G54  G90  G00  X−60  Y−60
N20  M03  S600
N30  G43  H01  Z100
N40  Z5
N50  G01  Z−5  F80
N60  G41  X−50  D01
N70  Y50
N80  X50
N90  Y−50
N100 X−60
N110 G40  Y−60
N120 G00  Z100
N130 M05
N140 M30
```

程序内容

程序结束

图 3-2 程序的格式

① 程序号。程序号是％（或 O）后跟的 4 位数字，要求单列一段，并从程序的第一行、第一格开始。

② 程序内容。程序内容是整个程序的核心部分，用于控制数控机床自动完成零件的加工过程，它由多个程序段组成。

③ 程序结束。程序结束用辅助功能指令 M02 或 M30 来表示。一般要求单列一段。

2. 指令字的格式

一个指令字是由地址符（指令字符）和带符号（如定义尺寸的字）或不带符号（如准备功能字 G 代码）的数字数据组成的，程序段中不同的指令字符及其后续数值确定了每个指令字的含义。数控程序段包含的主要指令字符如表 3-4 所示。

表 3-4 指令字符一览表

机　能	地　址	含　义
程序号	％	程序编号　％1～4294967295
程序段号	N	程序段编号　N0～4294967295
准备功能	G	指令动作方式（直线、圆弧等）G00～G99
尺寸字	X，Y，Z A，B，C	坐标轴的移动命令　±99999.999
	R	圆弧的半径，固定循环的参数
	I，J，K	圆心相对于起点的坐标，固定循环的参数
进给速度	F	进给速度的指定　F0～24000
主轴功能	S	主轴旋转速度的指定　S0～9999
刀具功能	T	刀具编号的指定　T0～99
辅助功能	M	机床开/关控制的指定　M0～99
补偿号	H，D	刀具补偿号的指定　00～99
暂停	P，X	暂停时间的指定　×××s

续表

机　能	地　址	意　义
程序号的指定	P	子程序号的指定　P1～4294967295
重复次数	L	子程序的重复次数，固定循环的重复次数
参数	P，Q，R	固定循环的参数

3. 程序段的格式

一个程序段定义一个由数控装置执行的指令行，程序段格式是指一个程序段中字、字符和数据的书写规则，常采用的是"字—地址"程序段格式，如图 3-3 所示。

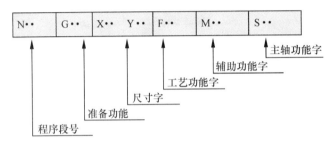

图 3-3　程序段的格式

程序段中的各种指令并非在每个程序段中都必须有，而是根据各程序段的具体功能编入相应的指令，例如"N30　G01　X60　Y−31.5　F120"。

程序段号由字母 N 加数字组成。段号本身没有意义，即程序并不按照段号的大小执行，而是按照输入的顺序执行，但书写程序时建议按升序书写程序段号。程序段号可以省略不写。

4. 程序的文件名

数控系统可以存储多个程序文件，以磁盘文件的方式读/写。文件名格式为：0××××（地址 0 后必须有 4 位以内的数字或字母）。

主程序、子程序必须写在同一个文件名下。

任务 3-1-2　任务描述

请解释表 3-5 中 HNC-21M 数控系统的基本功能指令的含义，并在正确的特性选项前面的"□"内打"√"。

表 3-5　需要填写含义的 HNC-21M 数控系统的指令代码

指　令	含　义	特　　性	
M00		□模态	□非模态
M02		□模态	□非模态
M03		□模态	□非模态
M04		□模态	□非模态

指　　令	含　　义	特　　性	
M05		☐模态	☐非模态
M06		☐模态	☐非模态
M07		☐模态	☐非模态
M09		☐模态	☐非模态
M30		☐模态	☐非模态
M98		☐模态	☐非模态
M99		☐模态	☐非模态
S800		☐模态	☐非模态
F100		☐模态	☐非模态
T01		☐模态	☐非模态
G04		☐模态	☐非模态
G20		☐模态	☐非模态
G21		☐模态	☐非模态
G28		☐模态	☐非模态
G29		☐模态	☐非模态
G94		☐模态	☐非模态
G95		☐模态	☐非模态

任务 3-1-2　工作过程

第1步　阅读与该任务相关的知识。

第2步　填写表3-5中的"含义"和"特性"栏目。完成任务的结果如表3-6所示。

表3-6　已填写含义的 HNC-21M 数控系统的指令代码

指　　令	含　　义	特　　性	
M00	程序停止	☐模态	☑非模态
M02	程序结束	☐模态	☑非模态
M03	主轴正转	☑模态	☐非模态
M04	主轴反转	☑模态	☐非模态
M05	主轴停转	☑模态	☐非模态
M06	换刀	☐模态	☑非模态
M07	冷却液开	☑模态	☐非模态
M09	冷却液关	☑模态	☐非模态
M30	程序结束	☐模态	☑非模态

续表

指 令	含 义	特 性	
M98	调用子程序	☐模态	☑非模态
M99	子程序结束并返回主程序	☐模态	☑非模态
S800	主轴转速为 800 r/min	☑模态	☐非模态
F100	以 100 mm/min 的速度进给	☑模态	☐非模态
T01	调用 01 号刀具	☐模态	☑非模态
G04	暂停	☐模态	☑非模态
G20	英寸输入	☑模态	☐非模态
G21	毫米输入	☑模态	☐非模态
G28	返回到参考点	☐模态	☑非模态
G29	由参考点返回	☐模态	☑非模态
G94	每分钟进给量	☑模态	☐非模态
G95	每转进给量	☑模态	☐非模态

任务 3-1-2　相关知识

1. 辅助功能 M 代码

辅助功能由地址字 M 和其后的 1 或 2 位数字组成，主要用于控制零件加工程序的走向，并作为机床各种辅助功能的开关动作。

M 功能有非模态 M 功能和模态 M 功能两种形式。非模态 M 功能（当段有效代码）只在书写了该代码的程序段中有效。模态 M 功能（续效代码）是一组可相互注销的 M 功能，这些功能在被同一组的另一个功能注销前一直有效。模态 M 功能组中包含一个缺省功能（见表 3-7 中标有★号的部分），系统上电时将被初始化为该功能。

另外，M 功能还可分为前作用 M 功能和后作用 M 功能两类。前作用 M 功能在程序段编制的轴运动之前执行；后作用 M 功能在程序段编制的轴运动之后执行。

华中数控世纪星 HNC-21M 数控系统 M 指令功能如表 3-7 所示。

表 3-7　HNC-21M 数控系统的常用 M 代码指令及功能

指 令	功 能	模 态	指 令	功 能	模 态
M00	程序停止	非模态	M03	主轴正转	模态
M02	程序结束	非模态	M04	主轴反转	模态
M30	程序结束并返回程序头	非模态	★M05	主轴停转	模态
			M06	换刀	非模态
M98	子程序调用	非模态	M07	冷却液开	模态
M99	子程序返回	非模态	★M09	冷却液关	模态

（1）CNC 内定的辅助功能

① 程序暂停 M00。当 CNC 执行到 M00 指令时，将暂停执行当前程序以方便操作者进行刀具和工件的尺寸测量、工件调头、手动变速等操作。

暂停时，机床的主轴进给及冷却液停止，而全部现存的模态信息保持不变，欲继续执行后续程序，重按操作面板上的"循环启动"键即可。

M00 为非模态后作用 M 功能。

② 程序结束 M02。M02 编在主程序的最后一个程序段中。当 CNC 执行到 M02 指令时，机床的主轴、进给、冷却液全部停止，加工结束。使用 M02 的程序结束后，若要重新执行该程序，就得重新调用该程序，或在自动加工子菜单下按 F4 键（请参考 HNC-21M 操作说明书），然后再按操作面板上的"循环启动"键。

M02 为非模态后作用 M 功能。

③ 程序结束并返回到零件程序头 M30。M30 和 M02 功能基本相同，只是 M30 指令还兼有控制返回到零件程序头（%）的作用。使用 M30 的程序结束后，若要重新执行该程序，只需再次按操作面板上的"循环启动"键。

④ 子程序调用 M98 及子程序返回 M99。M98 用来调用子程序。M99 表示子程序结束，执行 M99 使控制返回到主程序。

（2）PLC 设定的辅助功能

① 主轴控制指令 M03、M04、M05。M03 启动主轴以程序中编制的主轴转速顺时针方向（从 Z 轴正向朝 Z 轴反向看）旋转。M04 启动主轴以程序中编制的主轴转速逆时针方向旋转。M05 使主轴停止旋转。M03、M04 为模态前作用 M 功能；M05 为模态后作用 M 功能，M05 为缺省功能。M03、M04、M05 可相互注销。

② 换刀指令 M06。M06 用于在加工中心调用一个欲安装在主轴上的刀具，刀具将被自动地安装在主轴上。M06 为非模态后作用 M 功能。

③ 冷却液打开、关闭（停止）指令 M07、M08、M09。M07 指令将打开冷却液。M08 指令将打开冷却液。M09 指令将关闭冷却液。M07、M08 为模态前作用 M 功能；M09 为模态后作用 M 功能；M09 为缺省功能。

2. 准备功能 G 代码

（1）准备功能 G 代码概述

准备功能 G 代码由 G 后 1 或 2 位数值组成，它用来规定刀具和工件的相对运动轨迹、机床坐标系、坐标平面、刀具补偿、坐标偏置等多种加工操作。表 3-8 列出了华中世纪星 HNC-21M 数控系统的所有 G 代码及功能。

表 3-8 中的参数说明如下。

① G 功能有非模态 G 功能和模态 G 功能之分。

非模态 G 功能只在所规定的程序段中有效，程序段结束时被注销，如以下程序段：

N10 G00 Z100

N20 G04 P2.0

N30 Z5

在上例中，执行到 N20 程序段后程序暂停 2 s 后执行 N30 程序段。由于 G04 是非模态指令，因此 N30 程序段无效，N30 程序段的完整表达式应为"N30 G00 Z5"。

表 3-8　HNC-21M 数控系统的常用 G 代码指令及功能

指　　令	组　别	功　　能	指　　令	组　别	功　　能
G00		快速移动点定位	★G54～G59	11	选择工件坐标系
★G01	01	直线插补	G60	00	单方向定位
G02		顺时针圆弧插补	★G61	12	精确停止校验方式
G03		逆时针圆弧插补	G64		连续方式
G04	00	暂停	G65	00	子程序调用
G07	16	虚轴指定	G68	05	旋转变换
G09	00	准停校验	★G69		旋转取消
★G17		XY 平面选择	G73		深孔钻削循环
G18	02	XZ 平面选择	G74		逆攻丝循环
G19		YZ 平面选择	G76		精镗循环
G20		英寸输入	★G80		固定循环取消
★G21	08	毫米输入	G81		定心钻循环
G22		脉冲当量	G82		钻孔循环
G24	03	镜像开	G83	06	深孔钻循环
★G25		镜像关	G84		攻丝循环
G28	00	返回到参考点	G85		镗孔循环
G29		由参考点返回	G86		镗孔循环
★G40		刀具半径补偿注销	G87		反镗循环
G41	09	刀具半径左补偿	G88		镗孔循环
G42		刀具半径右补偿	G89		镗孔循环
G43		刀具长度正补偿	★G90	13	绝对值编程
G44	10	刀具长度负补偿	G91		增量值编程
★G49		刀具长度补偿注销	G92	00	工件坐标系设定
★G50	04	缩放关	★G94	14	每分钟进给量
G51		缩放开	G95		每转进给量
G52	00	局部坐标系设定	★G98	15	固定循环返回起始点
G53		直接机床坐标系编程	G99		固定循环返回到 R 点

　　模态 G 功能是一组可相互注销的 G 功能。这些功能一旦被执行则一直有效，直到被同一组的 G 功能注销为止，如以下程序段：

N10　G54 G90 G00 X－60 Y－60

N20　Z5

N30　G01 Z－5 F80

　　在上例中，N10 程序段中的 G54、G90、G00 均为模态指令。因此，在 N20 程序段中 Z5 是简化表示，其完整表达式应为"N20 G54 G90 G00 Z5"。在 N30 程序段中用同是 01 组指令的 G01 指令代替 G00 指令，但其他的指令并没有被取代，其完整表达式应为"N30 G54 G90 G01 Z－5 F80"。

② 00 组中的 G 代码是非模态的，其他组的 G 代码是模态的。

③ 模态 G 功能组中包含一个缺省 G 功能（表 3-8 中标记★者为缺省值），上电时将被初始化为该功能。

④ 没有共同参数的不同组 G 代码可以放在同一程序段中而且与顺序无关。例如"G90 G17"可与"G01"放在同一程序段中，但"G24 G68 G51"等不能与 G01 放在同一程序段中。

（2）针对不同单位设定的 G 功能

① 尺寸单位选择 G20、G21、G22。

$$格式：\begin{cases} G20 \\ G21 \\ G22 \end{cases}$$

G20 指英制输入制式；G21 指公制输入制式；G22 指脉冲当量输入制式。

三种制式下，线性轴、旋转轴的尺寸单位见表 3-9。

表 3-9　尺寸输入制式及其单位

	线　性　轴	旋　转　轴
英制（G20）	英寸（in）	度（°）
公制（G21）	毫米（mm）	度（°）
脉冲当量（G22）	移动轴脉冲当量	旋转轴脉冲当量

G20、G21、G22 为模态功能，可相互注销，G21 为缺省值。

② 进给速度单位的设定 G94、G95。

$$格式：\begin{cases} G94 \; [\; F\_\;] \\ G95 \; [\; F\_\;] \end{cases}$$

G94 为每分钟进给。对于线性轴，F 的单位依 G20/G21/G22 的设定而分别为 in/min、mm/min 或脉冲当量/min；对于旋转轴，F 的单位为度（°）/min 或脉冲当量/min。

G95 为每转进给，即主轴转一周时刀具的进给量。F 的单位依 G20/G21/G22 的设定而分别为 in/r、mm/r 或脉冲当量/r。这个功能只在主轴装有编码器时才能使用。

G94、G95 为模态功能，可相互注销，G94 为缺省值。

（3）回参考点指令

① 自动返回参考点 G28。

格式：G28 X_ Y_ Z_ A_

X、Y、Z、A：返回参考点时，经过的中间点为非参考点，即在 G90 时为中间点在工件坐标系中的坐标；在 G91 时为中间点相对于起点的位移量。

G28 指令首先使所有的编程轴都快速定位到中间点，然后再从中间点返回到参考点。

一般 G28 指令用于刀具自动更换或者消除机械误差，在执行该指令之前，应取消刀具半径补偿和刀具长度补偿。G28 的程序段不仅产生了坐标轴移动指令，而且记忆了中间点坐标值以供 G29 使用。

电源接通后，在没有手动返回参考点的状态下，指定 G28 时，从中间点自动返回参考点，与手动返回参考点相同。这时从中间点到参考点的方向就是机床参数"回参考点方向"设定的方向。

G28 指令仅在其被规定的程序段中有效。

② 由参考点返回指令 G29。

格式：G29 X_ Y_ Z_ A_

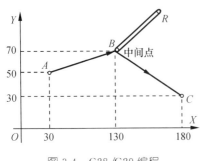

图 3-4　G28/G29 编程

X、Y、Z、A：返回的定位终点。在 G90 时为定位终点在工件坐标系中的坐标；在 G91 时为定位终点相对于 G28 中间点的位移量。

G29 可使所有编程轴以快速进给方式经过由 G28 指令定义的中间点，然后再到达指定点。通常该指令紧跟在 G28 指令之后。

G29 指令仅在其被规定的程序段中有效。

范例 1　用 G28、G29 对图 3-4 所示的路径编程：要求由 A 点经过中间 B 点并返回参考点，然后从参考点经由中间 B 点返回到 C 点并在 C 点换刀。

用 G28/G29 编制的程序如表 3-10 所示。

表 3-10　用 G28/G29 编制的程序

程 序 代 码	说　　明
…	…
G91 G28 X100 Y20	
G29 X50 Y−40	
M06 T02	
…	…

3. F、S、T 功能

（1）进给速度 F 指令

表示刀具相对于工件的合成进给速度，由地址符 F 和其后的若干位数字组成。在数控铣床上，其单位为 mm/min。

F 是模态指令，当工作在 G01、G02 或 G03 方式下，编程的 F 指令一直有效，直到被新的 F 值所取代为止；而工作在 G00、G60 方式下快速定位的速度是各轴的最高速度，与所编程的 F 无关。

如将进给量 80 mm/min 用指令表示即为"F80"。

（2）主轴转速 S 指令

控制主轴的回转速度的指令，由地址符 S 加后面的数字组成，与 M03/M04 指令配合使用。S 是模态指令，S 功能只有在主轴速度可调节时才有效。

如主轴以 $n=500$ r/min 的速度正转，用指令表示即为"M03 S500"。

（3）刀具号 T 指令

地址 T 后指定数值（最多 8 位）用于选择机床上的刀具。如在加工中心上执行 T01 指令，刀库转动到 01 号刀具等待，直到 M06 指令完成自动换刀为止。T 指令为非模态指令。

任务 3-1　思考与交流

① M02 和 M30 用于程序结束，从功能上有什么区别？

② 用于控制程序走向的 M 代码有哪些？

③ 讨论分析程序段"N10 G00 X32 Y50 M03 S600"中各指令字执行的先后顺序。

任务 3-2　坐标系相关指令

任务 3-2　任务描述

加工如图 3-5 所示的零件。数控系统通过识别起点、终点坐标来控制机床动作，如何给定各基点坐标，使数控机床按预定的进给路线运动，完成表 3-11 所示的相关内容。

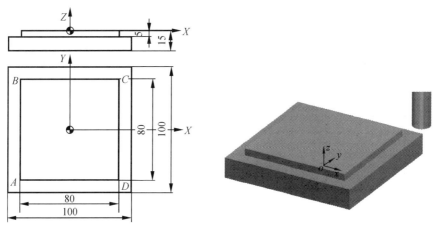

图 3-5　方形凸台零件图及实体图

表 3-11　坐标系设定任务表格

序　号	项　　目		指令及格式	
1	建立工件坐标系			
2	选择编程方式 计算基点坐标	绝对方式	A 点：	C 点：
			B 点：	D 点：
		增量方式	A 点：	C 点：
			B 点：	D 点：

任务 3-2　工作过程

第 1 步　阅读与该任务相关的知识。

第 2 步　操作机床返回参考点，输入程序段"G53 X－100 Y－100 Z－80"，观察机床动作。总结 G53 指令的功能。

第 3 步　安装尺寸为 100 mm×100 mm×50 mm 的毛坯，对刀至图 3-5 所示的角位置，输入程序段：

G92 X50 Y50 Z0，

G90 G00 X0 Y0

观察机床动作。总结 G92 指令的功能及特点。

第 4 步　将上题中执行程序后机床状态下机床坐标输入到 G54 寄存器中，移动机床离开工件对称中心位置，输入程序段"G54 G90 G00 X0 Y0"，观察机床动作。总结 G54 指令的功能及用法。

第 5 步　分析图 3-5 所示零件，完成任务的表格如表 3-12 所示。

表 3-12　完成坐标系设定的表格

序　号	项　　目			指令及格式	
1	建立工件坐标系			① G92 X50 Y50 Z0	
				② G54	
2	选择编程方式计算基点坐标	绝对方式	G90	A 点：X－40 Y－40	C 点：X40 Y40
				B 点：X－40 Y40	D 点：X40 Y－40
		增量方式	G91	A 点：X－40 Y－40	C 点：X80 Y0
				B 点：X0 Y80	D 点：X0 Y－80

任务 3-2　相关知识

1. 编程方式选择指令 G90、G91

有两种指令指定程序中刀具移动的坐标：绝对值指令 G90 和相对值指令 G91。绝对值指令 G90 和相对值指令 G91 的格式及说明见表 3-13。

表 3-13　绝对值指令 G90 和相对值指令 G91

	绝对值指令	相对值指令
指令	G90	G91
编程格式	G90	G91
说明	程序中每个坐标轴上的坐标是相对于编程原点的。如参考图所示，终点坐标为"X100 Y70"	程序中每个坐标轴上的坐标是相对于前一位置而言的，该值等于沿轴移动的距离。如参考图所示，终点坐标为"X60 Y40"

续表

绝对值指令	相对值指令
参考图	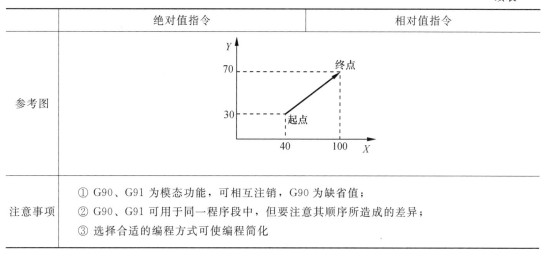
注意事项	① G90、G91 为模态功能，可相互注销，G90 为缺省值； ② G90、G91 可用于同一程序段中，但要注意其顺序所造成的差异； ③ 选择合适的编程方式可使编程简化

范例 1 如图 3-6 所示的采用不同方法标注的图纸，编写 $2 \times \phi 10$ 的孔加工程序，分别使用 G90、G91 编制孔 1、孔 2 的定位指令。

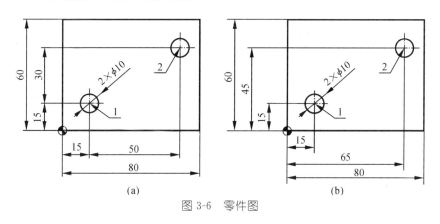

图 3-6 零件图

用 G90/G91 编制的定位指令见表 3-14。

表 3-14 用 G90/G91 编制的定位指令

	孔 1 坐标	孔 2 坐标
G90 编程	X15 Y15	X65 Y45
G91 编程	X15 Y15	X50 Y30

很明显，当图纸尺寸由一个固定基准给定［图 3-6（a）］时，采用 G90 绝对方式编程较为方便；而当图纸尺寸是以轮廓顶点之间的间距给出［图 3-6（b）］时，采用相对方式编程较为方便。

2. 工件坐标系设定指令 G92

工件坐标系设定指令 G92 的格式及说明见表 3-15。

表 3-15　工件坐标系设定指令 G92

指令	G92
编程格式	G92 X_ Y_ Z_
说明	G92 指令通过设定刀具起点（对刀点）相对于工件坐标系原点的相对位置建立工件坐标系，如参考图所示，程序为"G92 X20 Y10 Z10"，其确定的工件原点在距离刀具起始点（$X=-20$，$Y=-10$，$Z=-10$）的位置上
参考图	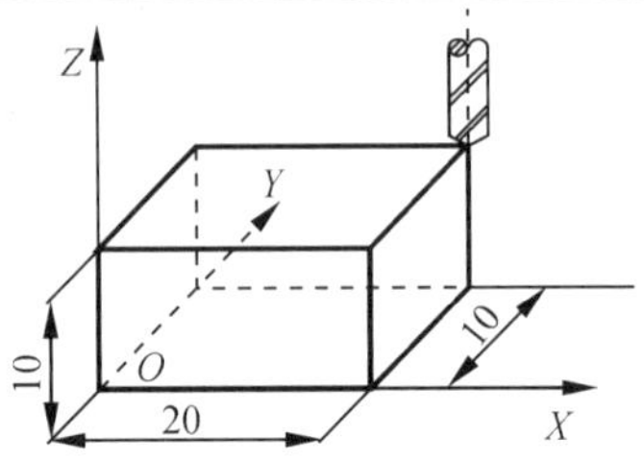
参数	含　义
X、Y、Z	刀具当前位置相对于工件坐标系原点的坐标
注意事项	① 执行此程序段只建立工件坐标系，刀具并不产生运动； ② G92 指令为非模态指令，一般放在一个程序的第一段，用一个单独的程序行指定； ③ G92 指令指定的工件坐标系在机床断电时失效

3. 选择机床坐标系指令 G53

选择机床坐标系指令 G53 的格式及说明如表 3-16 所示。

表 3-16　选择机床坐标系指令 G53

指令	G53
编程格式	G53 G90 X_ Y_ Z_
说明	G53 是机床坐标系指令，它使刀具快速定位到机床坐标系中的指定位置上，如参考图所示。如执行"G53 G90 X−100 Y−100 Z−20"程序段，刀具在机床坐标系中的位置如参考图所示
参考图	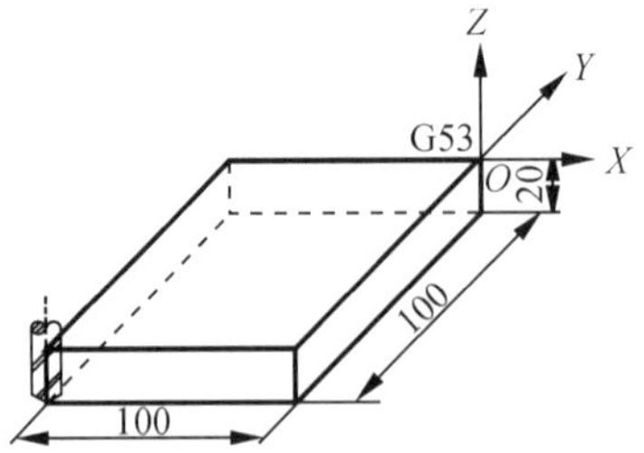
参数	含　义
X、Y、Z	机床坐标系中的坐标
注意事项	为非模态指令

4. 选择工件坐标系指令 G54、G55、G56、G57、G58、G59

选择工件坐标系指令的格式及说明如表 3-17 所示。

表 3-17　选择工件坐标系指令 G54～G59

指令	G54（G55 G56 G57 G58 G59）
编程格式	G54（G55 G56 G57 G58 G59）
说明	一般数控机床可以设定六个（G54～G59）工件坐标系，如参考图所示，加工之前，通过 MDI（手动键盘输入）方式设定这六个坐标系原点在机床坐标系中的位置，系统则将它们分别存储在六个寄存器中。当程序中出现 G54～G59 中的某一指令时，就相应地选择这六个坐标系中的一个。该指令执行后，所有坐标指定的坐标尺寸都是选定的工件在坐标系中的位置
参考图	
注意事项	① G54～G59 为模态功能，可相互注销，G54 为缺省值； ② 使用该组指令前先用 MDI 方式向偏置寄存器中输入各坐标系的坐标原点在机床坐标系中的坐标； ③ 用 MDI 方式输入寄存器中的数值，在机床重开机时仍然存在，因此批量加工零件时常用该功能

范例 2　如图 3-7 所示零件，在设置 G54～G59 坐标设定方式下设置了两个加工坐标系。

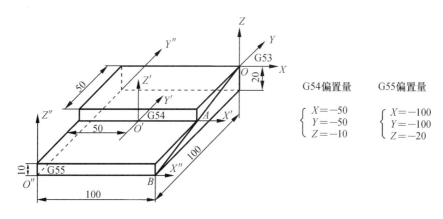

图 3-7　用 G54～G59 指令选择工件坐标系

这时，建立了原点在 O' 的 G54 工件坐标系和原点在 O'' 的 G55 工件坐标系。若执行下述程序段：

N10　G53　G90　X0　Y0　Z0

N20　G54　G90　G01　X50　Y0　Z0　F100　，

N30　G55　G90　G01　X100　Y0　Z0　F100

则刀尖点的运动轨迹如图 3-7 的 *OAB* 所示。

5．坐标平面选择指令 G17、G18、G19

坐标平面选择指令 G17、G18、G19 的格式及说明如表 3-18 所示。

表 3-18　坐标平面选择指令 G17、G18、G19

指令	G17	G18	G19
编程格式	G17	G18	G19
说明	机床在指定坐标平面 *XY* 上进行插补加工和加工补偿	机床在指定坐标平面 *XZ* 上进行插补加工和加工补偿	机床在指定坐标平面 *YZ* 上进行插补加工和加工补偿
参考图	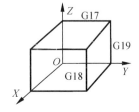		
注意事项	① G17、G18、G19 指令功能为指定坐标平面，都是模态指令，相互之间可以注销； ② 对于三坐标数控铣床和铣镗加工中心，开机后数控装置自动将机床设置成 G17 状态，如果在 *XY* 坐标平面内进行轮廓加工，就不需要由程序设定 G17； ③ 移动指令与平面选择指令无关，例如，选择了 *XY* 平面之后，*Z* 轴仍旧可以移动		

 任务 3-2　思考与交流

① 在编程中如何选用编程方式 G90、G91？

② G92 指令与 G54～G59 指令都是用于设定工件坐标系的，在使用中有什么区别？

任务 3-3　直线插补指令 G00、G01 的应用

 任务 3-3　任务描述

编写图 3-8 所示工件的精加工程序，不考虑刀具半径和刀具长度补偿，试使机床按照要求完成的零件轮廓进行铣削，实现快速定位与切削进给运动之间的切换。

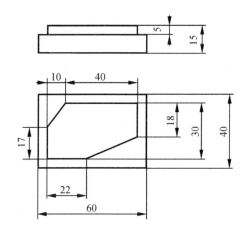

图 3-8 凸台零件图及实体图

任务 3-3 工作过程

第 1 步 阅读与该任务相关的知识。

第 2 步 分析图 3-8 所示零件,确定加工工艺。

根据零件图形特点,采用平口虎钳装夹,以 O 点为工件原点,采用延长线方法进、退刀,顺铣加工,进给路线如图 3-9 所示,为:$X-E-D-C-B-A-S$。

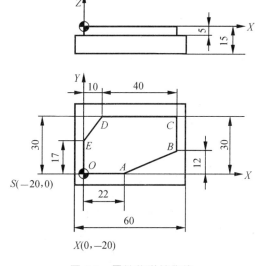

图 3-9 零件的进给路线

第 3 步 编写精加工程序如表 3-19 所示。

第 4 步 用机床图形模拟软件或仿真软件校验程序。

表 3-19　加工参考程序

程　序　单	功　　能
％3003	程序号
N02 G54 G90 G00 X0 Y－20	建立工件坐标系，绝对坐标编程方式，刀具快速到达切削进刀点 X 点
N04 M03 S800	主轴以 800 r/min 的速度正转
N06 Z5	快速接近工件到达工件上方 5 mm 高度
N08 G01 Z－5 F60	以 60 mm/min 进给速度沿 Z 轴切入工件 5 mm
N10 Y17	以直线插补方式从 X 点运动到 E 点
N12 X10 Y30	以直线插补方式从 E 点运动到 D 点
N14 X50	以直线插补方式从 D 点运动到 C 点
N16 Y12	以直线插补方式从 C 点运动到 B 点
N18 X22 Y0	以直线插补方式从 B 点运动到 A 点
N20 X－20	以直线插补方式从 A 点运动到退刀点 S
N22 G00 Z100	快速抬刀至安全高度
N24 M05	主轴停转
N26 M30	程序结束并返回程序头

任务 3-3　相关知识

1. 快速点定位指令

快速点定位指令 G00 的格式及说明如表 3-20 所示。

表 3-20　快速点定位指令 G00

指令	G00
编程格式	G00 X_ Y_ Z_
说明	刀具以点位控制方式从当前位置快速移动到指令给定的位置，如参考图所示。G00 的具体移动方式因机床不同而不同 机床从 A 点快速定位到 B 点有两种方式：一是斜进 45°（又称为非直线型）定位方式，二是直线型定位方式。按斜进 45°定位方式移动时，X、Y 轴皆以相同的速率同时移动，再检测已定位至哪一轴坐标位置后，只移动另一轴至坐标位置为止，如参考图路径 1 所示 A—C—B。路径 2 采用直线型定位方式移动，则每次都要先计算其斜率，然后再命令 X 轴及 Y 轴移动。直线型定位方式移动增加了计算机的负荷，反应速度也较慢，故一般 CNC 机床开机后大都自动设定 G00 以斜进 45°定位方式移动
参考图	

参数	含 义
X、Y、Z	快速定位终点坐标值。在 G90 时为终点在工件坐标系中的坐标，在 G91 时为终点相对于起点的位移量
注意事项	① G00 为模态功能，可由 G01、G02、G03 功能注销； ② G00 中快速移动速度由机床的参数进行设置，不能用 F 规定，快速移动速度可由控制面板上的快速修调旋钮修正； ③ G00 一般用于非切削运动，如加工前快速定位或加工后快速退刀，以节省加工时间； ④ 在执行 G00 指令时各轴以各自速度移动，因而不能保证各轴同时到达终点，联动直线轴的合成轨迹不一定是直线，操作者必须格外小心以免刀具与工件发生碰撞，常见的做法是将 Z 轴移动到安全高度后再执行 G00 指令
编程示例	从参考图的 A 点到 B 点的快速定位程序为： 绝对值编程 G90 G00 X90 Y45 相对值编程 G91 G00 X70 Y30

2. 直线插补指令

直线插补指令 G01 的格式及说明如表 3-21 所示。

表 3-21 直线插补指令 G01

指令	G01
编程格式	G01 X_ Y_ Z_ F_
说明	G01 指令刀具以联动的方式按 F 规定的合成进给速度从当前位置按线性路线（联动直线轴的合成轨迹为直线）移动到程序段指令的终点，如参考图所示从 A 点移动到 B 点
参考图	

参数	含 义
X、Y、Z	直线插补终点坐标，在 G90 时为终点在工件坐标系中的坐标，在 G91 时为终点相对于起点的位移量
F	合成进给速度
注意事项	① G01 为模态功能，可由 G01、G02、G03 功能注销； ② 进给速度由 F 指定，可由控制面板上的快速修调旋钮修正； ③ 用于直线切削进给
编程示例	从参考图的 A 点到 B 点的直线插补程序（进给速度为 60 mm/min）为： 绝对值编程 G90 G01 X90 Y45 F60 相对值编程 G91 G01 X70 Y30 F60

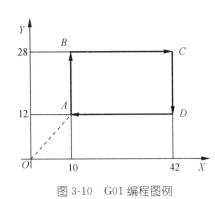

图 3-10　G01 编程图例

3. 编程范例

范例 1　如图 3-10 所示路径，坐标系原点 O 是程序起始点，要求刀具由 O 点快速移动到 A 点，然后沿 AB、BC、CD、DA 实现直线切削，再由 A 点快速返回程序起始点 O。

按绝对值编程方式的程序如表 3-22 所示。

表 3-22　绝对值编程方式加工程序

程　序　单	功　　能
％0001	程序号
N01 G54 G90 G00 X0 Y0	坐标系设定
N10 X10 Y12	快速移至 A 点
N15 M03 S600	主轴正转，转速 600 r/min
N20 G01 Y28 F100	直线进给 $A{\rightarrow}B$，进给速度 100 mm/min
N30 X42	直线进给 $B{\rightarrow}C$，进给速度不变
N40 Y12	直线进给 $C{\rightarrow}D$，进给速度不变
N50 X10	直线进给 $D{\rightarrow}A$，进给速度不变
N60 G00 X0 Y0	返回原点 O
N70 M05	主轴停转
N80 M30	程序结束

按相对值编程方式的程序如表 3-23 所示。

表 3-23　相对值编程方式加工程序

程　序　单	功　　能
％0001	程序号
N01 G54 G91 G00 X0 Y0	坐标系设定
N10 X10 Y12	快速移至 A 点
N15 M03 S600	主轴正转，转速 600 r/min
N20 G01 Y28 F100	直线进给 $A{\rightarrow}B$，进给速度 100 mm/min
N30 X32	直线进给 $B{\rightarrow}C$，进给速度不变
N40 Y16	直线进给 $C{\rightarrow}D$，进给速度不变
N50 X－32	直线进给 $D{\rightarrow}A$，进给速度不变
N60 G00 X－10 Y－12	返回原点 O
N70 M05	主轴停转
N80 M30	程序结束

范例 2　如图 3-11 所示方形轮廓 $ABCD$，切削深度为 5 mm，采用顺铣加工，采用延

长线方法进退刀，编写精加工程序。

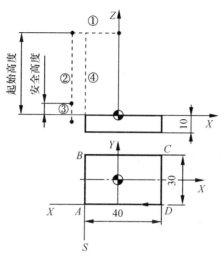

图 3-11　G00、G01 编程范例图

进给路线如图 3-11 所示，程序及各程序段功能如表 3-24 所示。

表 3-24　零件精加工程序

程　序　单	功　　　能
％3002	程序号
N02 G54 G90 G00 X－20 Y－25	坐标系设定在起始高度快速移至进刀点 S　　（路线①）
N04 M03 S800	主轴正转，转速 800 r/min
N06 Z5	快速接近工件到达工件上方 5 mm 安全高度　　（路线②）
N08 G01 Z－5 F120	以 120 mm/min 进给速度沿 Z 轴切入工件 5 mm　　（路线③）
N10 Y15	直线进给 S→B，进给速度不变
N12 X20	直线进给 B→C，进给速度不变
N14 Y－15	直线进给 C→D，进给速度不变
N16 X－30	直线进给切出工件，到达退刀点 S，进给速度不变
N18 G00 Z100	快速抬刀至起始高度　　（路线④）
N20 M05	主轴停转
N22 M30	程序结束

 任务 3-3　思考与交流

① G00、G01 指令有什么区别？

② 使用 G00 指令编写接近、远离工件的程序时应注意什么问题？

③ 使用 G01 指令时应注意什么问题？

④ 编写由直线组成的轮廓零件的加工程序时应注意什么问题？

⑤ 当数控机床执行了如下程序中的 N30 语句后，刀具在 Z 向实际移动的距离是多少？

⋮

N10 G54 G90 G00 X0 Y0 Z100；

N20 G1 X30 Y30 Z30；

N30 G1 G91 Z30 F500；

⋮

任务 3-4 　圆弧插补指令 G02、G03 的应用

任务 3-4　任务描述

编写图 3-12 所示零件的精加工程序：不考虑刀具半径和刀具长度补偿，使机床按照要求在直线进给运动和圆弧进给运动之间进行切换。

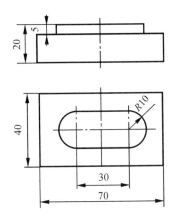

图 3-12　凸模零件图及实体图

任务 3-4　工作过程

第 1 步　阅读与该任务相关的知识。

第 2 步　分析图 3-12 所示零件，确定加工工艺。

根据零件图形特点，采用虎钳装夹，以对称中心为工件原点，采用切线方法进、退刀，顺铣加工，进给路线为：S—P—B—C—D—A—P—X，如图 3-13 所示。

第 3 步　编写图 3-13 精加工参考程序如表 3-25 所示。

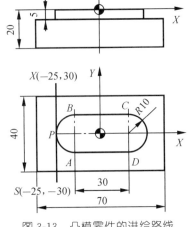

图 3-13　凸模零件的进给路线

表 3-25 参考程序

程 序 单	功 能
%3004	程序号
G54 G90 G00 X－25 Y－30	建立工件坐标系、绝对坐标编程方式，刀具快速到达切削起点 S
M03 S800	主轴以 800 r/min 的速度正转
Z5	快速接近工件到达工件上方 5 mm 高度
G01 Z－5 F60	以 60 mm/min 进给速度沿 Z 轴切入工件 5 mm
Y0	以直线插补方式从 S 点运动到 P 点
G02 X－15 Y10 I10	以圆弧插补方式从 P 点运动到 B 点
G01 X15	以直线插补方式从 B 点运动到 C 点
G02 Y－10 J－10	以圆弧方式从 C 点运动到 D 点
G01 X－15	以直线插补方式从 D 点运动到 A 点
G02 X－25 Y0 J10	以圆弧插补方式从 A 点运动到 P 点
G01 Y30	以直线插补方式从 P 点运动到 X 点
G00 Z100	快速抬刀至安全高度
M05	主轴停转
M30	程序结束并返回程序头

第 4 步　用机床图形模拟或仿真软件校验程序。

任务 3-4　相关知识

圆弧插补指令 G02/G03 的功能是使机床在给定的坐标平面内进行圆弧插补运动。编程格式有两种，一种是圆心法 I、J、K 格式，另一种是半径法 R 格式。

1. 圆弧插补指令 G02/G03

编程的格式及说明如表 3-26 所示。

表 3-26　圆弧插补指令 G02/G03

指令	G02/G03				
编程格式	圆心法	$\begin{Bmatrix} G17 \\ G18 \\ G19 \end{Bmatrix}$	$\begin{Bmatrix} G02 \\ G03 \end{Bmatrix}$	$\begin{Bmatrix} X\_\ Y\_ \\ X\_\ Z\_ \\ Y\_\ Z\_ \end{Bmatrix}$	$\begin{Bmatrix} I\_\ J\_ \\ I\_\ K\_ \\ J\_\ K\_ \end{Bmatrix}$ F_
	半径法	$\begin{Bmatrix} G17 \\ G18 \\ G19 \end{Bmatrix}$	$\begin{Bmatrix} G02 \\ G03 \end{Bmatrix}$	$\begin{Bmatrix} X\_\ Y\_ \\ X\_\ Z\_ \\ Y\_\ Z\_ \end{Bmatrix}$ R_ F_

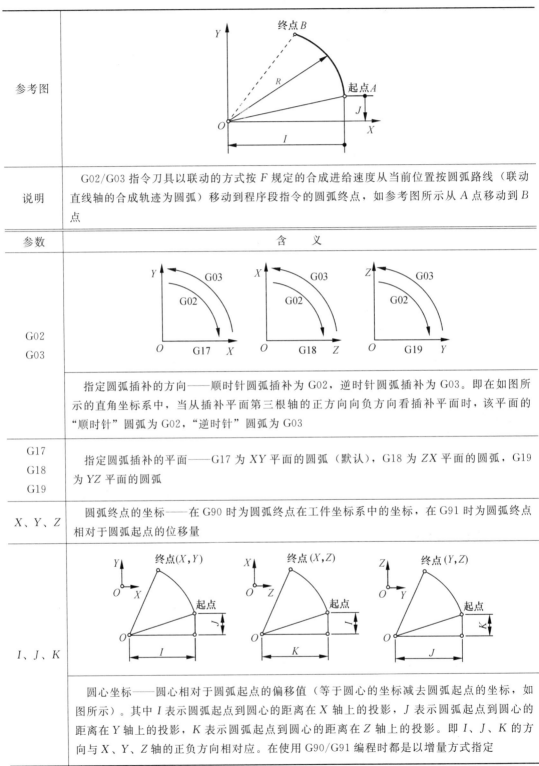

参考图	
说明	G02/G03 指令刀具以联动的方式按 F 规定的合成进给速度从当前位置按圆弧路线（联动直线轴的合成轨迹为圆弧）移动到程序段指令的圆弧终点，如参考图所示从 A 点移动到 B 点
参数	含　义
G02 G03	指定圆弧插补的方向——顺时针圆弧插补为 G02，逆时针圆弧插补为 G03。即在如图所示的直角坐标系中，当从插补平面第三根轴的正方向向负方向看插补平面时，该平面的"顺时针"圆弧为 G02，"逆时针"圆弧为 G03
G17 G18 G19	指定圆弧插补的平面——G17 为 XY 平面的圆弧（默认），G18 为 ZX 平面的圆弧，G19 为 YZ 平面的圆弧
X、Y、Z	圆弧终点的坐标——在 G90 时为圆弧终点在工件坐标系中的坐标，在 G91 时为圆弧终点相对于圆弧起点的位移量
I、J、K	圆心坐标——圆心相对于圆弧起点的偏移值（等于圆心的坐标减去圆弧起点的坐标，如图所示）。其中 I 表示圆弧起点到圆心的距离在 X 轴上的投影，J 表示圆弧起点到圆心的距离在 Y 轴上的投影，K 表示圆弧起点到圆心的距离在 Z 轴上的投影。即 I、J、K 的方向与 X、Y、Z 轴的正负方向相对应。在使用 G90/G91 编程时都是以增量方式指定

R 的选择 参考图	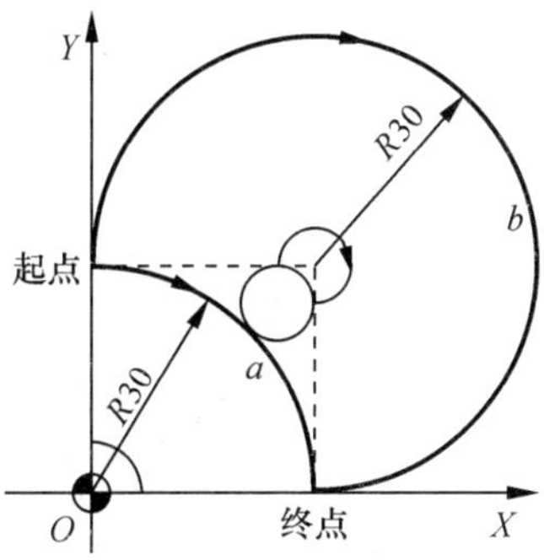
R	指定圆弧半径——如图所示，弧 a 圆弧圆心角小于 $180°$，R 为正值；弧 b 圆弧圆心角大于 $180°$，R 为负值
编程示例	弧 a 圆弧圆心角小于 $180°$，R 为正值，程序为： 绝对值方式 G90 G02 X30 Y0 R30 F60 相对值方式 G91 G03 X30 Y−30 R30 F60 弧 b 圆弧圆心角大于 $180°$，R 为负值，程序为： 绝对值方式 G90 G02 X30 Y0 R−30 F60 相对值方式 G91 G03 X30 Y−30 R−30 F60
F	合成进给速度
注意事项	① 顺时针或逆时针是从垂直于圆弧所在平面的坐标轴的正方向看到的回转方向； ② 整圆编程时不可以使用 R，只能用 I、J、K； ③ 进给速度由 F 指定，可由控制面板上的快速修调旋钮修正； ④ 同时编入 R 与 I、J、K 时，R 有效； ⑤ I、J、K 为零时可以省略，但不能同时为零，否则刀具原地不动或系统发出错误信息； ⑥ G00、G01、G02、G03 为同组模态代码，注意它们之间的互相转换
圆弧编程 参考图	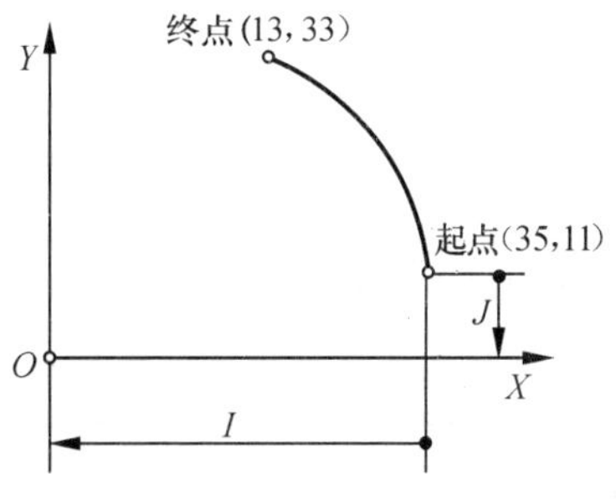
编程示例	I、J 均为负值，程序为： 绝对值方式 G90 G03 X13 Y33 I−35 J−11 F60 相对值方式 G91 G03 X−22 Y22 I−35 J−11 F60

续表

整圆编程 参考图	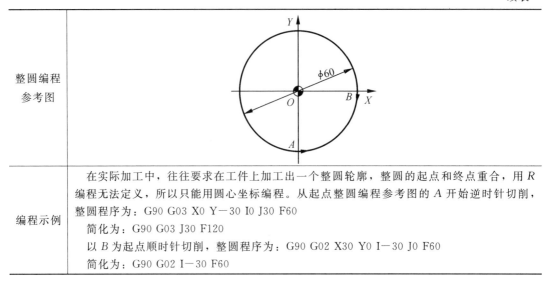
编程示例	在实际加工中，往往要求在工件上加工出一个整圆轮廓，整圆的起点和终点重合，用 R 编程无法定义，所以只能用圆心坐标编程。从起点整圆编程参考图的 A 开始逆时针切削，整圆程序为：G90 G03 X0 Y−30 I0 J30 F60 　　简化为：G90 G03 J30 F120 　　以 B 为起点顺时针切削，整圆程序为：G90 G02 X30 Y0 I−30 J0 F60 　　简化为：G90 G02 I−30 F60

2. 编程范例

编写图 3-14（a）所示轮廓的精加工程序，要求：切削深度为 5 mm，如图 3-14（b）所示以对称中心为工件原点，采用圆弧方式进退刀，顺铣。

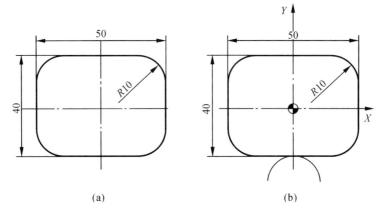

(a)　　　　　　　　　　　　　(b)

图 3-14　圆弧插补编程范例图

程序及各程序段功能如表 3-27 所示。

表 3-27　范例零件精加工程序单

程　序　单	功　　能
％3002	程序号
N02 G54 G90 G00 X10 Y−30	坐标系设定快速移至进刀点
N04 M03 S800	主轴正转，转速 800 r/min
N06 Z5	快速接近工件到达工件上方 5 mm 高度
N08 G01 Z−5 F120	以 120 mm/min 进给速度沿 Z 轴切入工件 5mm

续表

程 序 单	功 能
N10 G03 X0 Y－20 I－10	圆弧进刀至切入点
N12 G01 X－15	直线进给
N14 G02 X－25 Y－10 J10	圆角切削
N16 G01 Y10	直线进给
N18 G02 X－15 Y20 I10	圆角切削
N20 G01 X15	直线进给
N22 G02 X25 Y10 J－10	圆角切削
N24 G01 Y－10	直线进给
N26 G02 X15 Y－20 I－10	圆角切削
N28 G01 X0	直线进给
N30 G03 X－10 Y－30 J－10	圆弧退刀
N18 G00 Z100	快速抬刀至安全高度
N20 M05	主轴停转
N22 M30	程序结束

任务 3-4 思考与交流

① 怎样选用 G02、G03 指令？如何确定圆心坐标？

② 用半径法编程时要注意什么问题？

③ 分别用圆心法和半径法编写如图 3-15 所示圆弧加工程序，讨论分析三种特殊圆弧程序的特点。

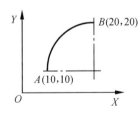
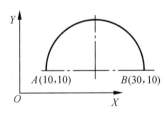
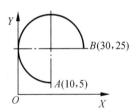

图 3-15 圆弧加工坐标图

④ 编写由直线、圆弧组成的轮廓零件的加工程序时要注意什么问题？

任务 3-5 刀具半径补偿指令 G40、G41、G42 的应用

 任务 3-5 任务描述

分别用 φ10 和 φ16 的刀具加工图 3-16 所示的凸台零件，编写精加工程序，要求考虑刀

具半径补偿，其精加工刀具中心轨迹（编程轨迹）分别如图 3-17 中虚线所示。

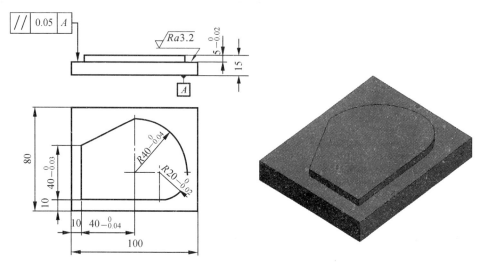

图 3-16　凸台零件图及实体图

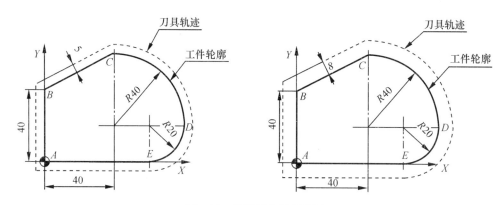

图 3-17　偏置后的刀具轨迹

　　数控机床在实际加工过程中是通过控制刀具中心轨迹来实现切削加工任务的。在编程过程中，为了避免复杂的数值计算，一般按零件的实际轮廓来编写数控程序，但刀具具有一定的半径尺寸，如果不考虑刀具半径尺寸，那么加工出来的实际轮廓就会与图纸所要求的轮廓相差一个刀具半径值。

　　当刀具有磨损、重磨、更换等使刀具半径发生变化时，又必须重新计算刀具轨迹，修改程序。如何使操作简单，而又能保证加工精度呢？本任务就是为解决这一问题而设置的。

任务 3-5　工作过程

　　第 1 步　阅读与该任务相关的知识。

第 2 步　分析图 3-16 所示零件，确定加工工艺。

根据零件图形特点，采用虎钳装夹，以直角点为工件原点，采用延长线方法进退刀顺铣加工，进给路线为：$T—S—B—C—D—E—F—T$，如图 3-18 所示。

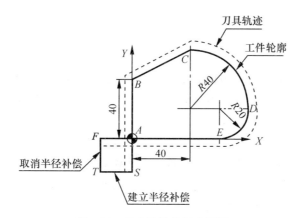

图 3-18　凸台零件的进给路线

第 3 步　编写精加工参考程序如表 3-28 所示。

表 3-28　参考程序

程 序 单	功　能
％3005	程序号
N10 G17 G40	程序初始化
N15 G54 G90 G00 X—20 Y—20	建立工件坐标系，绝对坐标编程方式，刀具快速到达切削起点 T
N20 M03 S800	主轴以 800 r/min 的速度正转
N25 Z5	快速接近工件到达工件上方 5 mm 高度
N30 G01 Z—5 F60	以 60 mm/min 进给速度沿 Z 轴切入工件 5 mm
N35 G41 X0 D01	建立刀具半径左补偿 $T→S$
N40 Y40	
N45 X40 Y60	
N50 G02 X80 Y20 J—40	带刀具半径补偿切削轮廓 $S→B→C→D→E→F$
N55 X60 Y0 I—20	
N60 G01 X—20	
N65 G40 Y—20	切出轮廓撤消刀具半径补偿 $F→T$
N70 G00 Z100	快速抬刀至安全高度
N75 M05	主轴停转
N80 M30	程序结束并返回程序头

第 4 步　机床图形模拟或仿真软件校验程序。

任务 3-5　相关知识

1. 刀具补偿功能

（1）刀位点的概念

刀位点是在编制加工程序时用以表示刀具位置的特征点，也是对刀和加工的基准点。对刀时应使刀位点与对刀点重合，因为数控系统是从对刀点开始控制刀位点的运动，并由刀具切削部分加工出要求的零件轮廓。

由于铣刀的种类很多，因此，对于不同的刀具其刀位点的位置有所不同。对于立铣刀来说，刀位点是刀具轴线与刀具底面的交点；球头铣刀的刀位点是球形部分的中心；钻头的刀位点为其钻心；盘铣刀的刀位点是刀具对称中心平面与其圆柱面上切削刃的交点。立铣刀、球头铣刀、钻头的刀位点如图 3-19 所示。

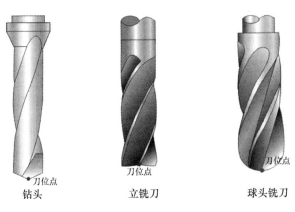

图 3-19　常用铣刀的刀位点

（2）刀具补偿功能

在实际编程中，将刀具假想成一个点（刀具半径、刀具长度为零），直接以刀位点按轮廓编程，由系统根据刀具尺寸自动调整各轴位置，使实际加工轮廓和编程轮廓完全一致。这就是刀具补偿功能。

2. 刀具半径补偿的程序格式

刀具半径补偿指令的格式及说明如表 3-29 所示。

表 3-29　刀具半径补偿指令 G40、G41、G42

指令	G40、G41、G42	
编程格式	建立	G00/G01 G41/G42 X_ Y_ D_
	取消	G00/G01 G40 X_ Y_
说明	编程时不用改变图纸，按照零件轮廓编程，把程序中使用的刀具半径值输入寄存器中，执行程序时，刀具自动偏离工件轮廓一个半径值，加工出所需的工件轮廓，如参考图一所示	

续表

参考图一	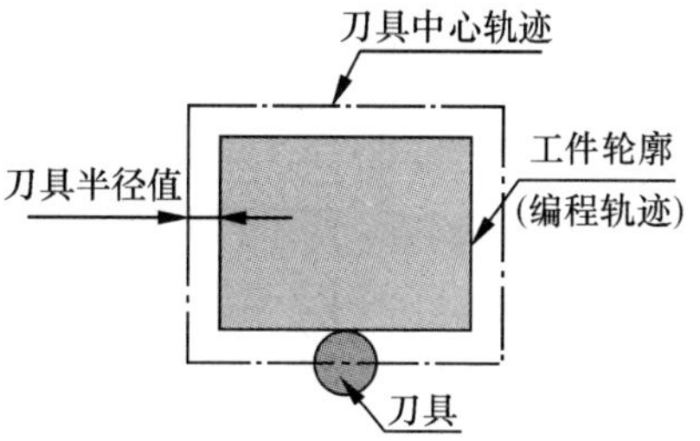

参数	含　义
G41	刀具半径左补偿 G41：假设工件不动，沿刀具运动方向向前看，刀具在零件左侧，如参考图二（a）所示
G42	刀具半径右补偿 G42：假设工件不动，沿刀具运动方向向前看，刀具在零件右侧，如参考图二（b）所示
G40	取消刀具半径补偿 G40
参考图二	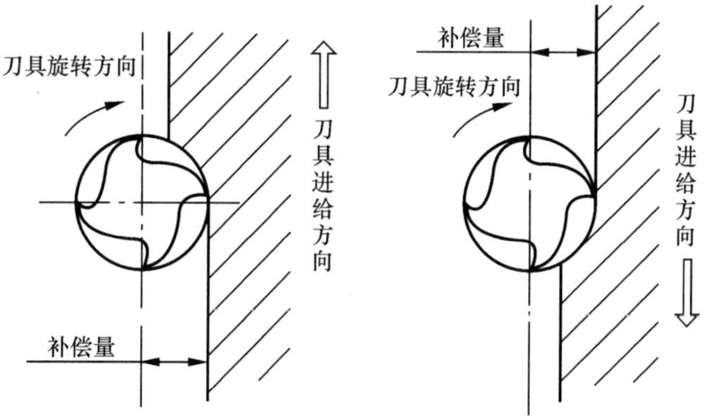 (a) 刀具半径左补偿 G41　　　　(b) 刀具半径右补偿 G42
X、Y	建立或取消补偿直线段的终点坐标值——在 G90 时为终点在工件坐标系中的坐标，在 G91 时为终点相对于起点的位移量
D	刀具半径补偿代号地址字（数控系统的内存地址），后跟两位数字表示刀具号，用来调用内存中刀具半径补偿的数值。刀补号地址可以有 D01～D99 共 100 个地址。其中的值可以用 MDI 方式预先输入在内存刀具表中相应的刀具号位置上
注意事项	① G40、G41、G42 是模态代码，它们可以互相注销； ② 在启动阶段开始后的刀补状态中，如果存在两段以上的没有移动指令或存在非指定平面轴的移动指令段，则可能产生进刀不足或进刀超差； ③ 建立或取消刀具半径补偿必须是补偿平面内非零的直线运动； ④ G40 必须和 G41 或 G42 成对使用

3. 刀具半径补偿的工作过程

图 3-20 显示了刀具补偿的运动轨迹，表 3-30 所示为对应的刀具补偿建立和取消的程序。

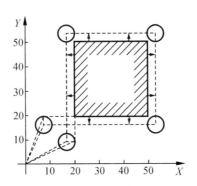

图 3-20　刀具半径补偿的运动轨迹

表 3-30　刀具补偿建立和取消的程序

程 序 单	含 义
%0001	程序号
N10 G17 G40	指定刀补平面，取消刀具半径补偿
N15 G54 G90 G00 X0 Y0	
N20 M03 S600	
N25 Z5	
N30 G01 Z－5 F60	
N35 G41 X20 Y10 D01	刀补建立（刀补号为 01）
N40 Y50.0	
N45 X50.0	
N50 Y20.0	刀补进行
N55 X10.0	
N60 G40 X0 Y0	刀补取消
N65 M05	
N70 M30	

（1）刀补建立

刀具中心从与编程轨迹重合过渡到偏移位置的过程称为刀具半径补偿建立或简称刀补建立。

刀具半径补偿建立时，一般是直线且为空行程，以防过切。以 G42 为例，其刀具半径补偿建立如图 3-21 所示。

在表 3-30 的程序中，从建立刀补的指令"G41 X20 Y10 D01"开始，向后预读两个程序段"Y50.0"止，其连线（SB）的垂直方向为偏置方向，由刀补建立程序段终点 S 沿偏置方向（G41 左侧）画大小为偏置值的矢量，矢量终点 S' 为刀具实际到达的位置。对于连线为圆弧的程序，其矢量方向为圆弧的法线，如图 3-21 所示。

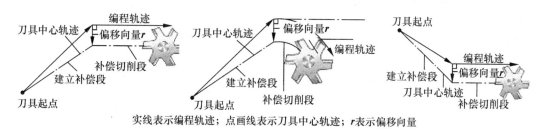

实线表示编程轨迹；点画线表示刀具中心轨迹；r表示偏移向量

图 3-21　刀具半径补偿的建立

（2）刀补进行

刀具半径补偿一般只能在平面补偿，其补偿运动情况如图 3-22 所示。

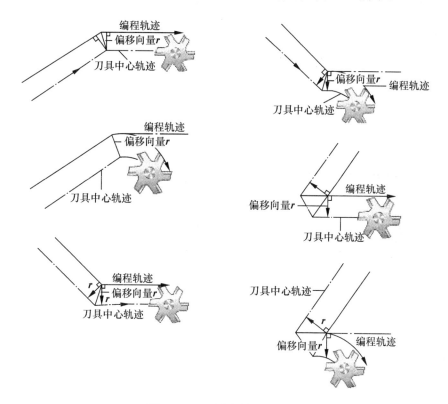

图 3-22　刀具半径补偿的进行

这里要特别提醒注意的是，在启动阶段开始后的刀补状态中，如果存在两段以上的没有移动指令段或存在非指定平面轴的移动指令段，则可能产生进刀不足或进刀超差。因为进入刀具状态后，只能读出连续的两段，这两段都没有进给，也就求不出矢量，确定不了前进的方向。

（3）刀补取消

刀具中心离开偏移位置过渡到刀具中心轨迹与编程轨迹重合的过程，称为刀具半径补偿取消或刀补取消。

刀具半径补偿结束用 G40 指令撤销，撤销时同样要防止过切，如图 3-23 所示。

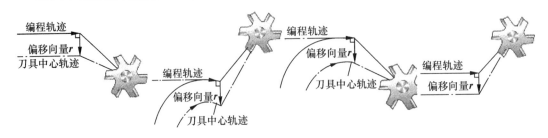

图 3-23　刀具半径补偿的取消

4．刀具半径补偿的应用

① 当实际使用的刀具半径与开始加工时设定的刀具半径不符合（刀具重磨或磨损时出现这种情况）时，只需改变半径值即可，不必重新编程。如图 3-24 所示，1 为未磨损刀具，2 为磨损后刀具，在利用已磨损的刀具进行加工时，只需将刀具半径偏置寄存器 D 中的数值由未磨损时的 r_1 改为已磨损时的 r_2 即可，不必重新编程。

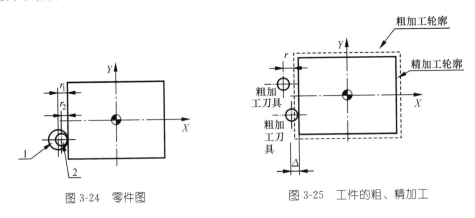

图 3-24　零件图　　　　　　　图 3-25　工件的粗、精加工

② 同一把铣刀，改变输入 D 中的值，同一程序可进行粗、精加工。如图 3-25 所示，刀具半径为 r，精加工余量为 Δ。粗加工时，输入 D 中的值为 $r+\Delta$，就可以加工出图中虚线所示的轮廓；精加工时用同一程序，输入 D 中的值改变为 r，就可以加工出图中实线所示的轮廓。

③ 改变输入 D 中的值的正负号，可加工阴阳模；如图 3-26 所示，加工凸模时，输入 D 中的值为 r，刀心轨迹如图 3-26 中虚线所示；加工凹模时，不改变程序，输入 D 中的值改变为 $-r$，刀心轨迹如图 3-26 中点画线所示。

④ 同一把刀具可有不同的 D 存储器单元，即可有不同的补偿设定值，便于加工。

5．编程范例

范例 1　考虑刀具半径补偿，编写如图 3-5 所示零件的精加工程序。进给路线如图 3-27所示，T—X 段建立刀具半径补偿，S—T 段取消刀具半径补偿。

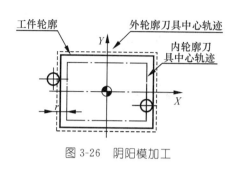

图 3-26　阴阳模加工

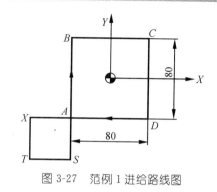

图 3-27　范例 1 进给路线图

程序及各程序段功能如表 3-31 所示。

表 3-31　范例 1 零件精加工程序单

程 序 单	功 能
％3002	程序号
N02 G54 G90 G00 X－60 Y－60	坐标系设定快速移至进刀点 T
N04 M03 S800	主轴正转，转速 800 r/min
N06 Z5	快速接近工件到达工件上方 5 mm 高度
N08 G01 Z－5 F120	以 120 mm/min 进给速度沿 Z 轴切入工件 5 mm
N09 G41 X－40 D01	直线进给到 S 点，建立刀具半径补偿
N10 Y40	带刀具半径补偿切削轮廓 S→B→C→D→X
N12 X40	
N14 Y－40	
N16 X－60	
N17 G40 Y－60	直线进给到 T 点，取消刀具半径补偿
N18 G00 Z100	快速抬刀至安全高度
N20 M05	主轴停转
N22 M30	程序结束

范例 2　考虑刀具半径补偿，编写如图 3-14（a）所示零件的精加工程序。进给路线如图 3-28 所示，T—S 段建立刀具半径补偿，X—T 段取消刀具半径补偿。

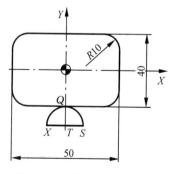

图 3-28　范例 2 进给路线图

程序及各程序段功能如表 3-32 所示。

表 3-32 范例 2 零件精加工程序单

程 序 单	功 能
％3002	程序号
N02 G54 G90 G00 X0 Y−30	坐标系设定快速移至进刀点 T
N04 M03 S800	主轴正转，转速 800 r/min
N06 Z5	快速接近工件到达工件上方 5 mm 高度
N08 G01 Z−5 F120	以 120 mm/min 进给速度沿 Z 轴切入工件 5 mm
N09 G41 X10 D01	直线进给到 S 点，建立刀具半径补偿
N10 G03 X0 Y−20 I−10	带刀具半径补偿切削轮廓
N12 G01 X−15	
N14 G02 X−25 Y−10 J10	
N16 G01 Y10	
N18 G02 X−15 Y20 I10	
N20 G01 X15	
N22 G02 X25 Y10 J−10	
N24 G01 Y−10	
N26 G02 X15 Y−20 I−10	
N28 G01 X0	
N30 G03 X−10 Y−30 J−10	
M32 G01 G40 X0	X→T 取消刀具半径补偿
N34 G00 Z100	快速抬刀至安全高度
N36 M05	主轴停转
N38 M30	程序结束

范例 3 考虑刀具半径补偿，编写如图 3-29（a）所示零件的精加工程序。

进给路线如图 3-29（b）所示，T_1—S 段建立刀具半径补偿，X—T_2 段取消刀具半径补偿。

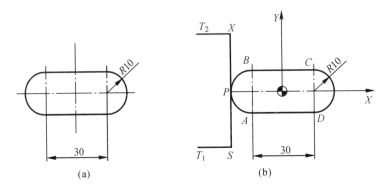

(a)　　　　　　　　　　(b)

图 3-29 范例 3 轮廓图

程序及各程序段功能如表 3-33 所示。

表 3-33 范例 3 零件精加工程序单

程 序 单	功 能
%3002	程序号
N02 G54 G90 G00 X－35 Y－20	坐标系设定快速移至进刀点 T_1
N04 M03 S800	主轴正转，转速 800 r/min
N06 Z5	快速接近工件到达工件上方 5 mm 高度
N08 G01 Z－5 F120	以 120 mm/min 进给速度沿 Z 轴切入工件 5 mm
N09 G41 X－25 D01	直线进给到 S 点，建立刀具半径补偿
N10 Y0	
N11 G02 X－15 Y10 I10	
N12 G01 X15	
N14 G02 X15 Y－10 J－10	带刀具半径补偿切削轮廓
N16 G01 X－15	
N18 G02 X－25 Y0 J10	
N20 G01 Y20	
M32 G40 X－35	$X \rightarrow T_2$ 取消刀具半径补偿
N34 G00 Z100	快速抬刀至安全高度
N36 M05	主轴停转
N38 M30	程序结束

任务 3-5 思考与交流

① 刀具半径补偿 G41、G42 判断的技巧。

② 在利用刀具半径补偿指令编程时，需要注意哪些问题？

③ 采用刀具半径指令编制图 3-30 所示零件的内外轮廓铣削程序，请问：

a. 如采用 $I \rightarrow 1 \rightarrow 2 \rightarrow 3 \rightarrow 4 \rightarrow 5 \rightarrow 6 \rightarrow 7 \rightarrow 8 \rightarrow 9 \rightarrow 1 \rightarrow I$ 的铣削顺序进行内轮廓加工，则半径补偿指令是_____。

b. 如采用 $I \rightarrow 1 \rightarrow 9 \rightarrow 8 \rightarrow 7 \rightarrow 6 \rightarrow 5 \rightarrow 4 \rightarrow 3 \rightarrow 2 \rightarrow 1 \rightarrow I$ 的铣削顺序进行内轮廓加工，则半径补偿指令是_____。

c. 如采用 $O \rightarrow 11 \rightarrow 12 \rightarrow 13 \rightarrow 14 \rightarrow 15 \rightarrow 16 \rightarrow 17 \rightarrow 18 \rightarrow 19 \rightarrow 11 \rightarrow O$ 的铣削顺序进行外轮廓加工，则半径补偿指令是_____。

d. 如采用 $O \rightarrow 11 \rightarrow 19 \rightarrow 18 \rightarrow 17 \rightarrow 16 \rightarrow 15 \rightarrow 14 \rightarrow 13 \rightarrow 12 \rightarrow 11 \rightarrow O$ 的铣削顺序进行外轮廓加工，则半径补偿指令是_____。

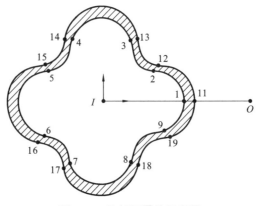

图 3-30　待加工零件示意图

任务 3-6　刀具长度补偿指令 G43、G44、G49 的应用

任务 3-6-1　任务描述

如图 3-31 所示，加工该工件时需要钻头和立铣刀两种刀具，而不同的刀具长度不同，在编程时，要使不同的刀具到达同一工件表面 Z 向相同的位置，必须分别编写不同的程序，这样就不能直接按图纸编程。那么，在使用多把刀具的同一程序中，如何使长度不同

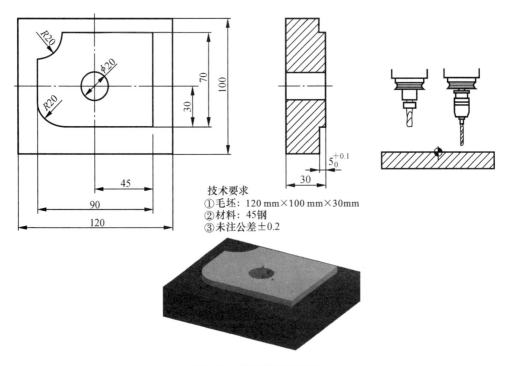

技术要求
①毛坯：120 mm×100 mm×30mm
②材料：45钢
③未注公差±0.2

图 3-31　零件图及实体图

的刀具端面（刀位点）在 Z 轴方向的运动过程中，不随刀具长度的不同而改变编程时 Z 向尺寸呢？编写该工件的精加工程序。

任务 3-6-1 工作过程

第 1 步 阅读与该任务相关的知识。

第 2 步 分析图 3-31 所示零件，确定加工工艺。

根据零件图形特点，采用虎钳装夹，以孔的对称中心为工件原点，孔加工选用 $\phi20$ 钻头，轮廓加工采用顺铣。

第 3 步 利用刀具长度补偿功能，编写如图 3-31 所示零件的精加工程序，参考程序如表 3-34 所示。

表 3-34 零件精加工参考程序

程 序 单	功 能
％3006	程序号
N02 G17 G40	程序初始化
N04 G54 G90 G00 X0 Y0	建立工件坐标系，绝对坐标编程方式，刀具快速到达钻孔中心
N06 M03 S800	主轴以 800 r/min 的速度正转
N08 G43 Z100 H01	调用 1 号（钻头）刀补，到工件上表面 100 mm
N10 Z2	快速接近工件到达工件上方 2 mm 高度
N12 G01 Z−30 F300	以 300 mm/min 进给速度沿 Z 轴切入工件钻孔
N14 G00 Z200	抬刀到初始高度
N16 M05	主轴停转
N18 M00	暂停，手动换立铣刀
N20 M03 S800	主轴以 800 r/min 的速度正转
N22 G00 X65 Y−50	快速定位到进刀点
N24 G43 Z100 H02	调用 2 号（立铣刀）刀补，到工件上表面 100 mm
N26 Z5	快速接近工件到达工件上方 5 mm 高度
N28 G01 Z−5 F80	沿 Z 轴切入工件
N30 G41 Y−30 D02	建立刀具半径左补偿
N32 X−25	
N34 G02 X−45 Y−10 J20	
N36 G01 Y20	带刀具半径补偿切削轮廓
N38 G03 X−25 Y40 J20	
N40 G01 X45	
N42 Y−50	
N44 G40 X65	切出轮廓撤销刀具半径补偿
N46 G00 Z100	快速抬刀至安全高度
N48 M05	主轴停转
N50 M30	程序结束并返回程序头

第 4 步　机床图形模拟或仿真软件校验程序。

任务 3-6-1　相关知识

1. 刀具长度

数控铣床的刀具是将刀具经过刀柄夹持，然后装夹于机床主轴上的。编程时用的刀具长度是指主轴端面到刀尖的距离，如图 3-32 所示的 H01、H02、H03。

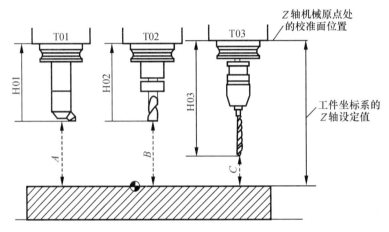

图 3-32　刀具长度

2. 刀具长度补偿的编程格式

刀具长度补偿指令的格式及说明如表 3-35 所示。

表 3-35　刀具长度补偿指令 G43、G44、G49

指令	G43、G44、G49	
编程格式	建立	G00/G01 G43/G44 Z_ H_
	取消	G49
说明		用刀位点编程时不考虑刀具长度，而把假定的理想刀具长度（零刀长）与实际使用的刀具长度之差作为刀长偏置值设定在刀具偏置存储器中，如参考图所示，当程序指定刀具长度补偿时，数控系统从刀具偏置存储器中取出刀长偏置值，并与程序的移动指令相叠加。
参考图		实际刀具　假定刀具（零刀长） 指定这个距离为刀长偏置值

续表

参数	含 义
G43	刀具长度正补偿 Z 实际值＝工件坐标系中 Z 坐标＋Z 指令值＋H 中的偏置值
G44	刀具长度正补偿 Z 实际值＝工件坐标系中 Z 坐标＋Z 指令值－H 中的偏置值
G49	取消刀具长度补偿 Z 实际值＝工件坐标系中 Z 坐标＋Z 指令值
Z	指令欲定位至 Z 轴的坐标位置：在 G90 时为终点在工件坐标系中的坐标，在 G91 时为终点相对于起点的位移量
H	刀具长度补偿代号地址字（数控系统的内存地址），后跟两位数字表示刀具号，用来调用内存中刀具长度补偿的数值，并与程序的移动指令相叠加。刀补号地址可以有 H01～H99 共 100 个地址。其中的值可以用 MDI 方式预先输入在内存刀具表中相应的刀具号位置上
注意事项	① G43、G44、G49 是模态代码，它们可以互相注销； ② 使用 G43 或 G44 指令指定刀具长度补偿时，只能有 Z 轴的移动量（而且必须有 Z 轴移动才能补偿），若有其他轴向的移动，则会出现警示画面； ③ 执行 G49 指令后，Z 轴的机床坐标值是指主轴端面到工件坐标系 Z 零平面（Z 轴为 0 的水平面）的距离，使用时要注意防止过切。在实际生产中，G49 程序段不写入程序

3. 刀具长度补偿的方法

如图 3-33 所示，工件坐标系 Z 值偏移量为一定值 $H=200$ mm（即 Z 零平面的机床坐标为-200），刀具长度分别为 60 mm、80 mm。

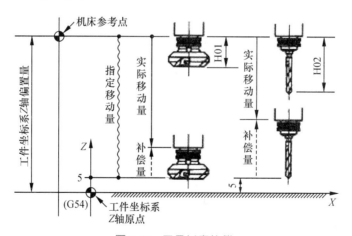

图 3-33 刀具长度补偿

利用刀具长度补偿功能，分别写出程序段"G54 G90 G00 G43 H01 Z5"和"G54 G90 G00 G43 H02 Z5"。将工件 Z 轴零点的机床坐标值 $Z-200$ 输入到相应的工件坐标系偏置寄存器的（G54～G59）Z 坐标中，将刀具长度 60、80 分别输入到刀具长度偏置寄存器 H01、H02 中，程序在调用长度补偿的过程中，数控系统就会将 G54～G59 偏置寄存器中

的 Z 坐标与 H01、H02 刀具长度偏置寄存器中的刀长值相加，再与程序中相应的坐标值叠加，从而将程序中的 Z 轴工件坐标值转换为机床坐标值，即 $-200+60+5=-135$ mm、$-200+80+5=-115$ mm。执行后刀具的实际移动量分别为 135 mm 和 115 mm，并使刀尖到达工件上表面 5 mm，从而实现刀具长度补偿。

4. 刀具长度补偿的应用

① 编程者可以在不知道刀具长度的情况下，按照假定的标准刀具长度编程，用刀具长度补偿功能进行补偿。

② 通过改变刀具长度补偿值，可以用同一程序实现同一工件的分层铣削。

③ 在加工过程中，如果刀具长度发生变化（磨损、重磨）或更换新刀具时，不必变更程序，只要把实际长度与假定长度的差值输入 H 寄存器就可以了。

④ 若加工一个零件需用几把刀具，各刀具长短不一，编程时不必考虑刀具长短对坐标值的影响，因为可以利用不同的刀具长度进行补偿。

5. 范例程序

范例 考虑刀具长度和刀具半径补偿，编写如图 3-29 所示零件的完整精加工程序。

程序及各程序段功能如表 3-36 所示。

表 3-36　范例零件精加工程序

程　序　单	功　　能
％3002	程序号
N02 G54 G90 G00 X−35 Y−20	坐标系设定快速移至进刀点 T_1
N04 M03 S800	主轴正转，转速 800 r/min
N05 G43 H01 Z100	调用 1 号刀补，到工件上表面 100 mm
N06 Z5	快速接近工件到达工件上方 5 mm 高度
N08 G01 Z−5 F120	以 120 mm/min 进给速度沿 Z 轴切入工件 5 mm
N09 G41 X−25 D01	直线进给到 S 点，建立刀具半径补偿
M10 Y0	带刀具半径补偿切削轮廓
N11 G02 X−15 Y10 I10	
N12 G01 X15	
N14 G02 X15 Y−10 J−10	
N16 G01 X−15	
N18 G02 X−25 Y0 J10	
N20 G01 Y20	
M32 G40 X−35	$X{\rightarrow}T_2$ 取消刀具半径补偿
N34 G00 Z100	快速抬刀至安全高度
N36 M05	主轴停转
N38 M30	程序结束

任务 3-6-2　任务描述

考虑刀具长度补偿，编写如图 3-16 所示零件的精加工程序。

任务 3-6-2　工作过程

第 1 步　阅读与该任务相关的知识。

第 2 步　编写如图 3-18 所示凸台零件完整的精加工参考程序如表 3-37 所示。

表 3-37　凸台零件完整精加工参考程序

程 序 单	功 能
%3005	程序号
N10 G17 G40	程序初始化
N15 G54 G90 G00 X−20 Y−20	建立工件坐标系，绝对坐标编程方式，刀具快速到达切削起点 T
N20 M03 S800	主轴以 800 r/min 的速度正转
N22 G43 H01 Z100	调用 1 号刀补，到工件上表面 100 mm
N25 Z5	快速接近工件到达工件上方 5 mm 高度
N30 G01 Z−5 F60	以 60 mm/min 的进给速度沿 Z 轴切入工件 5 mm
N35 G41 X0 D01	建立刀具半径左补偿 $T \to S$
N40 Y40	
N45 X40 Y60	
N50 G02 X80 Y20 J−40	带刀具半径补偿切削轮廓 $S \to B \to C \to D \to E \to X$
N55 X60 Y0 I−20	
N60 G01 X−20	
N65 G40 Y−20	切出轮廓撤销刀具半径补偿 $X \to T$
N70 G00 Z100	快速抬刀至安全高度
N75 M05	主轴停转
N80 M30	程序结束并返回程序头

第 3 步　机床图形模拟或仿真软件校验程序。

任务 3-6-2　思考与交流

① G43、G44 指令建立刀具长度补偿有什么区别？

② 在程序中如果有取消刀具长度补偿的程序段 G49，需要注意什么问题？

③ 已知：G54 中，$X = −320$，$Y = 200$，$Z = −280$，H01 长度寄存器中的值是 20，

H02 长度寄存器中的值为−8，程序内容如下：

N10 G54 G00 G90 X0 Y0 Z30 G43 H01 M03 S1000；

N20 G1 X48 Y−60 G91 Z−14 F2000；

N30 G0 G90 X0 Y0 Z30 G43 H02；

N40 G1 X48 Y−60 G91 Z−14 F2000；

⋮

执行完 N10 程序段后，Z 轴当前工件坐标值是_____。

执行完 N20 程序段后，Z 轴当前机床实际坐标值是_____。

执行完 N30 程序段后，Z 轴当前工件坐标值是_____。

执行完 N40 程序段后，Z 轴当前机床实际坐标值是_____。

任务 3-7　固定循环指令

◎ 任务 3-7-1　任务描述

学习固定循环指令的一般格式及应用。分析表 3-38 所示孔加工程序中各程序段功能，填写在表格 3-38 中。

表 3-38　孔加工程序单

程　序　单	功　　能
%0083	
G54 G90 G00 X0 Y0	
M03 S600	
G43 H01 Z100	
G91 G99 G81 X15 Y15 R−95 Z−30 F80	
X25 Y15 L2	
G90 G80 Z100	
X0 Y0	
M05	
M30	

任务 3-7-1　工作过程

第 1 步　阅读与该任务相关的知识。

第 2 步　输入钻孔程序，仿真加工，观察加工过程。

第 3 步　填写表 3-38 中的"功能"栏目。完成任务的结果如表 3-39 所示。

表 3-39 孔加工各程序段功能

程 序 单	功 能
%0083	程序号
G54 G90 G00 X0 Y0	建立工件坐标系，绝对坐标编程方式
M03 S600	主轴以 600 r/min 的速度正转
G43 H01 Z100	建立刀具长度补偿，快进到工件上表面 100 mm
G91 G99 G81 X15 Y15 R-95 Z-30 F80	增量方式钻孔 1 并返回到 R 点
X25 Y15 L2	增量方式钻孔 2、3 并返回到 R 点
G90 G80 Z100	取消固定循环并抬刀到初始高度
X0 Y0	返回到工件原点
M05	主轴停转
M30	程序结束

任务 3-7-1 相关知识

数控加工中某些加工动作循环已经典型化，例如钻孔、镗孔、攻丝的动作是孔位平面定位、快速进给、工作进给、快速退回等一系列典型的加工动作。将这些典型动作预先编好程序，存储在内存中，用一个 G 代码程序段调用，从而简化编程工作。这就是孔加工固定循环。

1. 固定循环的基本动作

固定循环一般由以下六个基本动作组成，如图 3-34 所示。

动作 1：X 轴和 Y 轴的定位，刀具快速定位到孔加工的位置。

动作 2：快速移动到 R 点，刀具沿 Z 方向由初始点快速定位到 R 点。

动作 3：孔加工，以切削进给的方式执行孔加工动作。

动作 4：在孔底的动作，包括暂停、主轴停转、刀具移位等动作。

动作 5：返回到 R 点，继续孔加工而又可以安全移动刀具时，选择该动作。

动作 6：快速移动到初始点，孔加工完成后一般选择该动作。

固定循环所涉及的名词解释如下。

① 初始平面。初始平面是为了安全下刀而规定的一个平面。孔加工结束后返回初始点（动作 6），用 G98 指令表示。初始平面到工件表面的距离可以任意设定在一个安全高度上，当使用同一把刀具加工若干孔时，只有孔间存在障碍需要跳跃或全部孔加工完成时，才使用这个功能，使刀具返回到初始平面。

② R 平面。R 平面又叫 R 参考平面，表示刀具下刀时自快速进给转为工作进给的高度平面，距工件表面的距离主要考虑工件表面尺寸的变化，一般可取 2~5 mm，用 G99 指令表示。当使用同一把刀具加工若干孔时，一般使用这个功能。

③ 孔底平面。加工盲孔时孔底平面就是孔底的 Z 轴高度，加工通孔时一般刀具要伸

出孔底平面一段距离，以保证全部孔深都加工到尺寸。钻孔加工时还应考虑钻尖对孔深的影响。对于立式数控铣床，孔加工都是在 XY 平面定位，在 Z 轴方向进行钻孔。

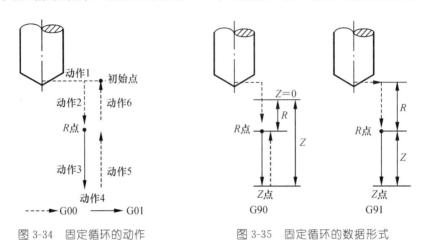

图 3-34　固定循环的动作　　　　图 3-35　固定循环的数据形式

2．孔加工固定循环的数据形式

固定循环的程序格式包括数据表达形式、返回点平面、孔加工方式、孔位置数据、孔加工数据和循环次数。其程序格式如下：

$$\begin{Bmatrix} G98 \\ G99 \end{Bmatrix} \ G\_\ X\_\ Y\_\ Z\_\ R\_\ Q\_\ P\_\ I\_\ J\_\ K\_\ F\_\ L\_$$

华中世纪星 HNC 数控系统孔加工固定循环指令的内容及方式如表 3-38 和表 3-39 所示，功能说明见表3-40。

表 3-40　华中世纪星 HNC 数控系统孔加工固定循环指令编程说明

指令内容	地　址	说　　　明
孔加工方式	G	G 功能见表 3-41
参数	X、Y	用增量或绝对值指定孔位置，轨迹及进给速度与 G00 的定位相同
	Z	R 点到孔底的距离（G91）或孔底的坐标（G90）
	R	初始点到 R 点的距离（G91）或 R 点的坐标（G90）
	Q	G73、G83 加工方式中指定每次进给深度
	K	G73、G83 加工方式中指定每次退刀的位移增量
	P	指定刀具在孔底的暂停时间，其指定数值与 G04 相同
	I、J	G76、G87 加工方式中指定刀具在对应轴反向位移增量
	F	指定切削进给速度
	L	指定孔加工固定循环的次数，L1 可以省略
G98		返回初始平面
G99		返回 R 点平面

续表

编程示例	图 3-35 是采用 G90（绝对值）和 G91（增量）的表达形式。选择 G90 时，R 与 Z 一律取其终点坐标值；选择 G91 时，R 是自初始点到 R 点的距离，Z 是指自 R 点到孔底平面上 Z 点的距离。 例如，刀具当前的初始平面为工件上表面 100 mm，R 点平面为 5 mm，孔底平面为－20 mm，分别用 G90 和 G91 形式编程，程序如下： G90 G81 X0 Y0 R5 Z－20 F80； G91 G81 X0 Y0 R－95 Z－25 F80；
注意事项	① 在固定循环指令前应使用 M03 或 M04 指令使主轴回转。在固定循环程序段中如果指定了 M，则在最初定位时送出 M 信号，等待 M 信号完成才能进行孔加工循环； ② 在固定循环程序段中 X、Y、Z、R 数据应至少指定一个才能进行孔加工； ③ 在使用控制主轴回转的固定循环（G74 G84 G86）中，如果连续加工一些孔间距比较小或者初始平面到 R 点平面的距离比较短的孔时，会出现在进入孔的切削动作前主轴还没有达到正常转速的情况，遇到这种情况时，应在各孔的加工动作之间插入 G04 指令以获得时间； ④ 使用 G80 或 01 组 G 代码 G00、G01、G02/G03、G60 可以取消固定循环； ⑤ Z、K、Q 移动量为零时这些指令不执行； ⑥ 孔加工方式的指令以及 Z、R、Q、P 等指令都是模态的，只是在取消补偿循环时才被取消，因此只要在前面已经指定了这些指令，在后面的加工中就不必重新指定； ⑦ L 指令为非模态指令，只在当前程序段有效，如果程序选择 G90 方式，刀具就在原来孔的位置重复加工，如果选择 G91 方式，则用一个程序段就能实现若干个等距孔的加工

表 3-41　HNC 系统固定循环功能

G 代码	进刀操作	在孔底位置的操作	退刀操作	用　　途
G73	间歇进给	—	快速进给	高速深孔钻循环
G74	切削进给	暂停→主轴正转	切削进给	攻螺纹（攻左旋螺纹）
G76	切削进给	主轴准确停转	快速进给	精镗循环
G80	—	—	—	取消固定循环
G81	切削进给	—	快速进给	钻孔、点钻循环
G82	切削进给	暂停	快速进给	钻孔、锪镗循环
G83	间歇进给	—	快速进给	深孔钻循环
G84	切削进给	暂停→主轴反转	切削进给	攻螺纹（攻右旋螺纹）
G85	切削进给	—	切削进给	铰孔、粗镗削
G86	切削进给	主轴停转	快速进给	镗削
G87	切削进给	主轴正转	快速进给	背镗削
G88	切削进给	暂停→主轴停转	手动	镗削
G89	切削进给	暂停	切削进给	铰孔、粗镗削

任务 3-7-2 任务描述

学习钻孔循环指令的格式及应用。利用钻孔固定循环指令，编写如图 3-36 所示零件的加工程序。

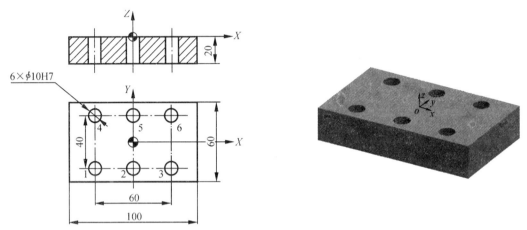

图 3-36 钻孔循环零件图及实体图

任务 3-7-2 工作过程

第 1 步 阅读与该任务相关的知识。

第 2 步 分析图 3-36 所示零件，确定加工工艺。

根据零件图形特点，采用虎钳装夹，以孔的对称中心为工件原点，加工工序为：

① 用 $\phi 2$ 中心钻钻 6 个 $\phi 10$ 孔的中心孔；

② 用 $\phi 9.7$ 麻花钻钻 6 个 $\phi 10$ 孔；

③ 用 $\phi 10$ 铰刀铰 6 个 $\phi 10H7$ 孔。

第 3 步 合理选择孔加工固定循环指令：

① $\phi 2$ 中心钻钻中心孔为定位点钻，故选用 G81 指令；

② $\phi 9.7$ 麻花钻钻孔要去除大量材料，故选用易排屑润滑的深孔钻循环 G83；

③ $\phi 10$ 铰刀铰孔，选用 G81 指令。

第 4 步 编写的加工参考程序如表 3-42 所示。

表 3-42 参考程序

程 序 单	功 能
％3041	程序号
N02 G54 G90 G00 X－30 Y－20	建立工件坐标系，绝对坐标编程方式用 1 号刀 $\phi 2$ 中心钻钻中心孔
N04 M03 S600	主轴以 600 r/min 的速度正转
N06 G43 H01 Z100	建立 1 号刀长补，快进到工件上表面 100 mm
N08 G91 G99 G81 R－97 Z－7 F80	增量方式位置 1 钻中心孔，R 点位于工件上表面 5 mm

续表

程 序 单	功 能
N10 X30 L2	增量方式重复固定循环位置2、3钻中心孔
N12 X-60	增量方式位置4钻中心孔
N14 X30 L2	增量方式重复固定循环位置5、6钻中心孔
N16 G90 G80 G00 X0 Y0 Z150	取消固定循环并返回到Z150处
N18 M05	主轴停转
N10 M00	暂停，换2号刀φ9.7麻花钻钻孔至φ9.7
N12 M03 S600	主轴以300 r/min的速度正转
N14 G43 H02 Z100	建立2号刀长补，快进到工件上表面100 mm
N16 G91 G99 G83 X-30 Y-20 R-95 Q-10 P2 Z-30 F80	位置1钻孔，R点位于工件上表面5 mm，进给深度10 mm，退刀距离5 mm
N18 X30 L2	增量方式重复固定循环位置2、3钻孔
N20 X-60	增量方式位置4钻孔
N22 X30 L2	增量方式重复固定循环位置5、6钻孔
N24 G90 G80 G00 X0 Y0 Z150	取消固定循环并返回到Z150处
N26 M05	主轴停转
N28 M00	暂停，换3号刀φ10铰刀铰孔至φ10H7
N30 M03 S600	主轴以600 r/min的速度正转
N32 G43 H03 Z100	建立3号刀长补，快进到工件上表面100 mm
N34 G91 G99 G81 X-30 Y-20 R-95 Z-30 F80	增量方式位置1铰孔，R点位于工件上表面5 mm
N36 X30 L2	增量方式重复固定循环位置2、3铰孔
N38 X-60	增量方式位置4铰孔
N40 X30 L2	增量方式重复固定循环位置5、6铰孔
N42 G90 G80 G00 Z150	取消固定循环并返回到Z150处
N44 M05	主轴停转
N46 M30	程序结束

第5步　机床图形模拟或仿真软件校验程序。

任务 3-7-2　相关知识

1. 高速深孔加工循环指令 G73

高速深孔加工循环 G73 指令的格式及说明如表 3-43 所示。

表 3-43　高速深孔加工循环指令 G73

指令	G73
编程格式	$\left\{\begin{array}{l}G98\\G99\end{array}\right\}$ G73　X_ Y_ Z_ R_ Q_ P_ K_ F_ L_
说明	G73 指令动作循环见参考图，每次进刀量用 Q 给出。包括 X、Y 坐标定位、快进到 R 点、工进一个进给深度、快速退刀到距已加工面 K（mm）处，快进转为工进至下一进给深度，循环直至工进到孔底 Z 点、孔底暂停，然后快速返回等动作
参考图	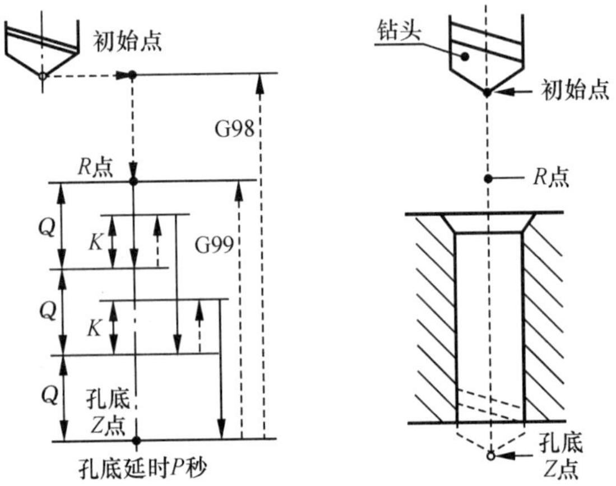
应用	用于 Z 轴的间歇进给，使深孔加工时容易断屑、排屑，易加冷却液，退刀量较小，可以进行深孔的高效率的加工

参数	含　义
X、Y	用增量值或绝对值指定孔位置，轨迹及进给速度与 G00 的定位相同
Z	R 点到孔底的距离（G91）或孔底坐标（G90）
R	初始点到 R 点的距离（G91）或 R 点的坐标（G90）
Q	每次进给深度
K	每次退刀距离
P	孔底暂停时间
F	指定切削进给速度
L	指定孔加工固定循环的次数，指令 L1 可以省略
注意事项	如果 Z、Q、K 的移动量为零，该指令不执行 Q＞K

　　范例 1　使用 G73 指令编制如图 3-37 所示深孔加工程序。设刀具起点距工件上表面 40 mm，在距工件上表面 2 mm 处由快进转换为工进，每次进给深度 10 mm，每次退刀距离 5 mm。

　　程序如下：

%0073

G54 G90 G00 X0 Y0

M03 S600

G43 H01 Z40

G99 G73 X20 Y20 R2 P2 Q－10 K5 Z－25 F80

G80 G00 Z100

M05

M30

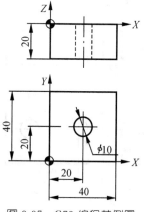

图 3-37 G73 编程范例图

2. 钻中心孔循环指令 G81

钻中心孔循环 G81 指令的格式及说明如表 3-44 所示。

表 3-44 钻中心孔循环 G81

指令	G81
编程格式	$\begin{pmatrix} G98 \\ G99 \end{pmatrix}$ G81　X_ Y_ Z_ R_ F_ L_
说明	G81 指令的循环动作如参考图所示，包括 X、Y 坐标定位、快进到 R 点、工进执行钻孔加工到 Z 点和快速返回等动作
参考图	
应用	该循环用于正常钻孔。切削进给执行到孔底，然后刀具从孔底快速移动退回
参数	含　义
X、Y	用增量或绝对值指定孔位置，轨迹及进给速度与 G00 的定位相同
Z	R 点到孔底的距离（G91）或孔底坐标（G90）
R	初始点到 R 点的距离（G91）或 R 点的坐标（G90）
F	指定切削进给速度
L	指定孔加工固定循环的次数，指令 L1 可以省略
注意事项	如果 Z 的移动量为零，该指令不执行

范例 2 使用 G81 指令编制如图 3-38 所示钻孔加工程序，在距工件上表面 2 mm 处由快进转换为工进。

程序如下：

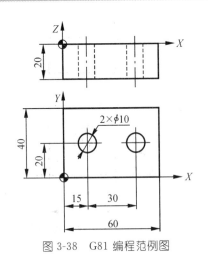

图 3-38　G81 编程范例图

```
%0081
G54 G90 G00 X0 Y0
M03 S600
G43 H01 Z40
G99 G81 X15 Y20 R2 Z－25 F80
X45 Y20
G80 G00 Z100
M05
M30
```

3.　带停顿的钻孔循环指令 G82

带停顿的钻孔循环 G82 指令的格式及说明如表 3-45 所示。

表 3-45　带停顿的钻孔循环指令 G82

指令	G82
编程格式	$\begin{Bmatrix} G98 \\ G99 \end{Bmatrix}$ G82　X_ Y_ Z_ R_ P_ F_ L_
说明	G82 指令除了要在孔底暂停外，其他动作与 G81 相同
参考图	钻头　初始点　锪钻 G98 R点　初始点 G99　R点 孔底　Z点 孔底 Z点 孔底延时P秒（主轴旋转）
应用	该指令主要用于加工沉孔、盲孔，以提高孔深精度
参数	含　义
X、Y	用增量或绝对值指定孔位置，轨迹及进给速度与 G00 的定位相同
Z	R 点到孔底的距离（G91）或孔底坐标（G90）
R	初始点到 R 点的距离（G91）或 R 点的坐标（G90）
P	孔底暂停时间
F	指定切削进给速度
L	指定孔加工固定循环的次数，指令 L1 可以省略
注意事项	如果 Z 的移动量为零，该指令不执行

范例 3　使用 G82 指令编制如图 3-39 所示沉孔加工程序，在距工件上表面 2mm 处由快进转换为工进。

程序如下：

%0081

G54 G90 G00 X0 Y0

M03 S600

G43 H01 Z40

G98 G82 X20 Y20 R2 P2 Z－10 F80

G80 G00 Z100

M05

M30

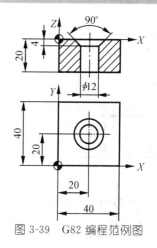

图 3-39　G82 编程范例图

4. 深孔加工循环指令 G83

深孔加工循环 G83 指令的格式及说明如表 3-46 所示。

表 3-46　深孔加工循环指令 G83

指令	G83
编程格式	$\begin{Bmatrix} G98 \\ G99 \end{Bmatrix}$ G83　X_ Y_ Z_ R_ Q_ P_ K_ F_ L_
说明	深孔加工指令 G83 的循环动作如参考图所示，每次进刀量用地址 Q 给出。每次进给时，快速返回到 R 点，快进至距已加工面 K（mm）处将快速进给转换为切削进给
参考图	钻头　初始点　G98　R点　Q　K　G99　Q　K　Q　孔底　Z点　孔底延时P秒　　钻头　初始点　R点　孔底　Z点
应用	该循环执行深孔钻削。执行间歇切削进给到孔的底部，退刀量较大，更便于排屑，方便加冷却液
参数	含　义
X、Y	用增量或绝对值指定孔位置，轨迹及进给速度与 G00 的定位相同
Z	R 点到孔底的距离（G91）或孔底坐标（G90）
R	初始点到 R 点的距离（G91）或 R 点的坐标（G90）
Q	每次进给深度

参数	含　义
K	每次退刀后再次进给时由快速进给转换为切削进给时距上次加工面的距离
P	孔底暂停时间
F	指定切削进给速度
L	指定孔加工固定循环的次数，指令 L1 可以省略
注意事项	如果 Z、Q、K 的移动量为零，该指令不执行

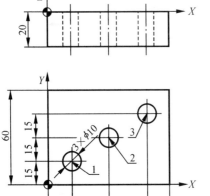

图 3-40　G83 编程范例图

范例 4　如图 3-40 所示，设刀具起点距工件上表面 40 mm，在距工件上表面 5 mm 处由快进转换为工进。每次进给深度 10 mm，每次退刀距离 5 mm。

程序如下：

%0083
G54 G90 G00 X15 Y15
M03 S600
G43 H01 Z40
G91 G99 G83 R−35 Q−10 P2 K5 Z−30 F60
X25 Y15 L2
G90 G80 G00 Z100
M05
M30

5. 取消固定循环指令 G80

该指令能取消固定循环，同时 R 点和 Z 点也被取消。

 任务 3-7-2　思考与交流

① 钻铰孔固定循环指令有哪几种？分别应用在什么场合？讨论总结填写在表 3-47 中。

表 3-47　钻孔固定循环指令及用途

指　令	用　途

② 在钻孔循环中，如何根据零件特点选用 G98、G99 指令。

任务 3-7-3 任务描述

学习镗孔循环指令的格式及应用。如图 3-41 所示工件，材料为 HT200，铸件，中间的通孔和两侧沉头孔已铸出。在立式数控铣床上加工 $\phi40$ mm 的通孔和 2 个 $\phi22$ mm 的沉头孔。选用合理的固定循环指令编程。

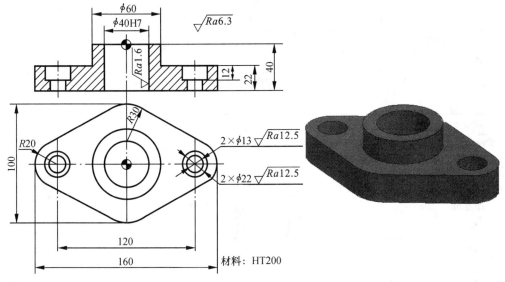

图 3-41 镗孔固定循环

任务 3-7-3 工作过程

第 1 步 阅读与该任务相关的知识。

第 2 步 分析图 3-41 所示零件，确定加工工艺。

根据零件图形特点，采用虎钳装夹，以 $\phi40$ 孔的中心为工件原点。在数控铣床上零件加工工序为：

① $\phi39.6$ mm 粗镗刀（1 号刀）进行粗镗；

② $\phi40$ 精镗刀（2 号刀）精镗 $\phi40$ 孔至尺寸；

③ $\phi22$ 精镗刀半精镗两个沉头孔至尺寸。

第 3 步 根据各工序加工要求，选择合理的固定循环指令如下：

① $\phi39.6$ mm 粗镗刀（1 号刀）进行粗镗。$\phi40$ 孔的精度要求较高，粗镗选用 G85 指令，以利于提高孔的加工精度。

② $\phi40$ 精镗刀（2 号刀）精镗 $\phi40$ 孔至尺寸。利用 G76 指令精镗以达到精度要求。

③ $\phi22$ 精镗刀精镗两个沉头孔至尺寸。要加工的孔是台阶孔，因此选用 G82 指令进行编程。

第 4 步 编写加工参考程序如表 3-48 所示。

表 3-48   参考程序

程 序 单	功 能
%3050	程序号
N02 G54 G90 G00 X0 Y0	用 G54 指令偏置零点
N04 M03 S330	主轴正转 330 r/min
N06 G43 H01 G00 Z100	φ39.6 镗刀已安装，调用 1 号刀具长度补偿
N08 Z15	快速接近工件表面
N10 G99 G85 Z—45 R5 P2 F165	利用循环加工，粗镗 φ40 mm 通孔
N12 G80 G00 Z200	取消固定循环，提刀
N14 M05	主轴停转
N16 M00	程序暂停，手动换装 φ40 mm 精镗刀
N18 M03 S480	主轴正转 480 r/min
N20 G43 H02 G00 Z100	调用 2 号刀具长度补偿
N22 G00 Z15	快速接近工件表面
N24 G99 G76 Z—45 R5 P2 I5 F24	利用循环加工，精镗 φ40 mm 孔
N26 G80 G00 Z200	取消固定循环，提刀
N28 M05	主轴停转
N30 M00	程序暂停，手动换装 φ26 mm 精镗刀
N32 M03 S700	主轴正转 700 r/min
N34 G43 H03 G00 Z100	调用 3 号刀具长度补偿
N36 G00 X—60 Y0	快速点定位至左端沉头孔
N38 G98 G82 Z—30 R—13 P2 F24	利用循环加工，镗沉头孔
N40 X60	利用循环加工，镗右端沉头孔
N42 G80 G00 Z200	取消固定循环，提刀
N44 X0 Y0	快速到达 X、Y 轴零点
N46 M05	主轴停转
N48 M30	程序结束

第 5 步   用机床图形模拟软件或仿真软件校验程序。

任务 3-7-3   相关知识

1. 精镗循环指令 G76

精镗循环 G76 指令的格式及说明如表 3-49 所示。

表 3-49 精镗循环 G76

指令	G76
编程格式	$\left.{G98 \atop G99}\right\}$ G76 X_ Y_ Z_ R_ P_ I_ J_ F_ L_
说明	进刀到达孔底时，暂停，主轴定向停转，切削刀具以刀尖的相反方向移动，退刀离开工件的加工表面，然后快速退刀
参考图	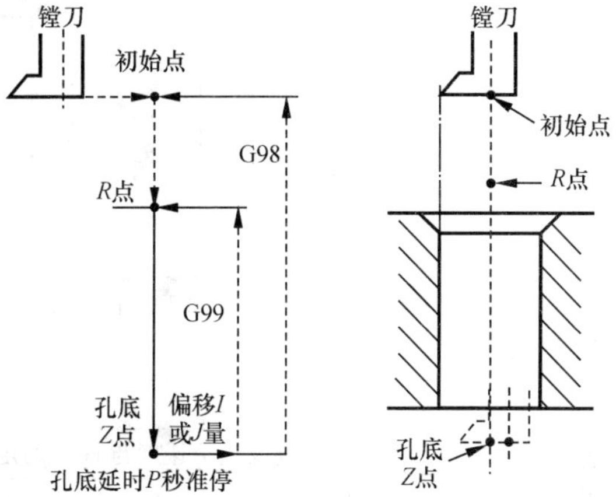
应用	用于镗削精密孔。主轴在孔底定向停止后，向刀尖反方向移动，然后退刀，这种带有让刀的退刀不会划伤已加工表面，保证了镗孔精度
参数	含 义
X、Y	用增量或绝对值指定孔位置，轨迹及进给速度与 G00 的定位相同
Z	R 点到孔底的距离（G91）或孔底坐标（G90）
R	初始点到 R 点的距离（G91）或 R 点的坐标（G90）
P	孔底暂停时间
I、J	I 为 X 轴刀尖反向位移量，J 为 Y 轴刀尖反向位移量
F	指定切削进给速度
L	指定孔加工固定循环的次数，指令 L1 可以省略
注意事项	如果 Z 的移动量为零，该指令不执行

2. 镗孔循环指令 G85

镗孔循环 G85 指令的格式及说明如表 3-50 所示。

表 3-50 镗孔循环指令 G85

指令	G85
编程格式	$\left.{G98 \atop G99}\right\}$ G85 X_ Y_ Z_ R_ P_ F_ L_
说明	刀具沿着 X 和 Y 轴定位以后，快速移动到 R 点，工进从 R 点到 Z 点执行镗孔，到达孔底时暂停，然后工退返回到 R 点

续表

参考图	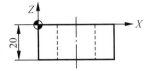
应用	该指令主要用于精度要求不太高的镗孔加工。它循环的退刀动作是以进给速度退出的，因此可以用于铰孔、扩孔等加工

参数	含　义
X、Y	用增量或绝对值指定孔位置，轨迹及进给速度与G00的定位相同
Z	R 点到孔底的距离（G91）或孔底坐标（G90）
R	初始点到 R 点的距离（G91）或 R 点的坐标（G90）
P	孔底暂停时间
F	指定切削进给速度
L	指定孔加工固定循环的次数，指令L1可以省略
注意事项	如果 Z 向的移动量为零，该指令不执行

范例 5　使用 G85 指令编制如图 3-42 所示镗孔加工程序，在距工件上表面 2 mm 处（R 点）由快进转换为工进。

程序如下：

```
%0085
G54 G90 G00 X0 Y0
M03 S600
G43 H01 Z100
G98 G85 X20 Y20 R2 P2 Z−25 F200
G00 X0 Y0
M05
M30
```

图 3-42　G85 编程范例图

3. 镗孔循环指令 G86

镗孔循环 G86 指令的格式及说明如表 3-51 所示。

表 3-51　镗孔循环 G86

指令	G86
编程格式	$\begin{Bmatrix} G98 \\ G99 \end{Bmatrix}$ G86　X_ Y_ Z_ R_ F_ L_
说明	动作包括 X、Y 坐标定位、快进到 R 点、工进执行钻孔加工到 Z 点、主轴停转、快速返回等
参考图	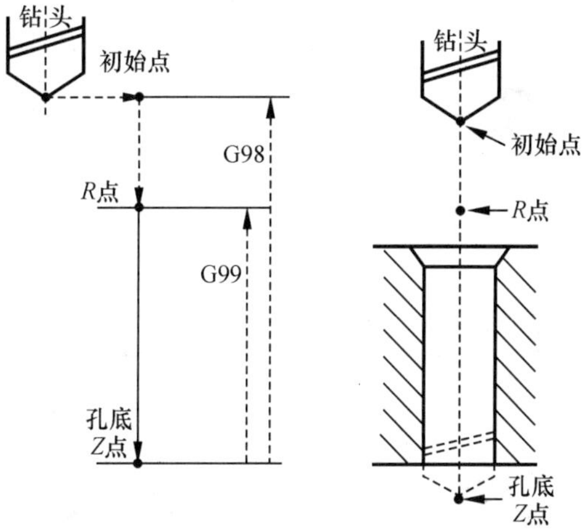
应用	该指令动作退回时主轴停转且为快速，加工精度不高，主要用于粗镗孔加工
参数	含　义
X、Y	用增量或绝对值指定孔位置，轨迹及进给速度与 G00 的定位相同
Z	R 点到孔底的距离（G91）或孔底坐标（G90）
R	初始点到 R 点的距离（G91）或 R 点的坐标（G90）
F	指定切削进给速度
L	指定孔加工固定循环的次数，指令 L1 可以省略
注意事项	如果 Z 的移动量为零，该指令不执行

4. 反镗循环指令 G87

反镗循环 G87 指令的格式及说明如表 3-52 所示。

表 3-52　反镗循环指令 G87

指令	G87
编程格式	G98 G87 X_ Y_ Z_ R_ P_ I_ J_ F_ L_
说明	该指令动作如参考图所示，其动作循环为：刀具沿 X、Y 轴快移定位→主轴定向停转→在 X、Y 方向分别向刀尖的反方向移动 I、J 值→快移定位到 R 点高度→在 X、Y 方向向刀尖的方向移动 I、J 值→主轴正转→向上工进镗孔至 Z 点→暂停 P 秒→主轴定向停转→在 X、Y 方向分别向刀尖的反方向移动 I、J 值→返回到初始点（只能用 G98）→在 X、Y 方向分别向刀尖的方向移动 I、J 值→主轴正转

续表

参考图	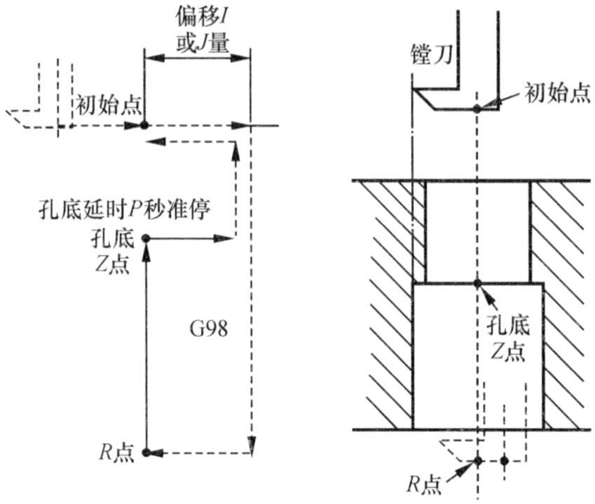
应用	该指令主要用于精度要求较高的背镗孔加工

参数	含　义
X、Y	用增量或绝对值指定孔位置，轨迹及进给速度与 G00 的定位相同
Z	R 点到孔底的距离（G91）或孔底坐标（G90）
R	初始点到 R 点的距离（G91）或 R 点的坐标（G90）
P	孔底暂停时间
I、J	I 为 X 轴刀尖反向位移量，J 为 Y 轴刀尖反向位移量
F	指定切削进给速度
L	指定孔加工固定循环的次数，指令 L1 可以省略
注意事项	① 如果 Z 的移动量为零，该指令不执行； ② 该指令不得使用 G99，否则会报警

5. 镗孔循环指令 G88

镗孔循环 G88 指令的格式及说明如表 3-53 所示。

表 3-53　镗孔循环指令 G88

指令	G88
编程格式	$\begin{Bmatrix} G98 \\ G99 \end{Bmatrix}$ G88　X_ Y_ Z_ R_ P_ F_ L_
说明	该指令动作如参考图所示，其动作循环为：刀具沿 X、Y 轴快速定位→快进到 R 点→工进至孔底→暂停→主轴停转→转换为手动状态后手动将刀具从孔中退出返回到初始平面→手动主轴正转

续表

参考图	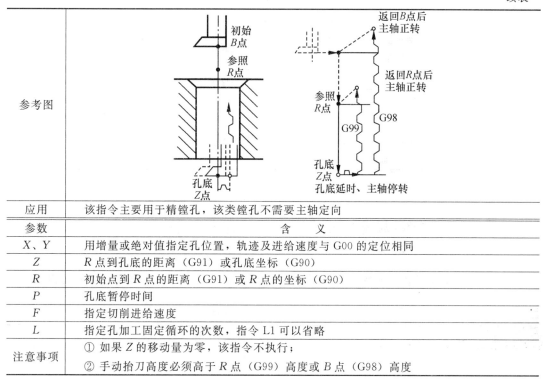
应用	该指令主要用于精镗孔，该类镗孔不需要主轴定向
参数	含　义
X、Y	用增量或绝对值指定孔位置，轨迹及进给速度与 G00 的定位相同
Z	R 点到孔底的距离（G91）或孔底坐标（G90）
R	初始点到 R 点的距离（G91）或 R 点的坐标（G90）
P	孔底暂停时间
F	指定切削进给速度
L	指定孔加工固定循环的次数，指令 L1 可以省略
注意事项	① 如果 Z 的移动量为零，该指令不执行； ② 手动抬刀高度必须高于 R 点（G99）高度或 B 点（G98）高度

6. 镗孔循环指令 G89

镗孔循环 G89 指令的格式及说明如表 3-54 所示。

表 3-54　镗孔循环指令 G89

指令	G89
编程格式	$\left.\begin{matrix} G98 \\ G99 \end{matrix}\right\}$ G89　X_ Y_ Z_ R_ P_ F_ L_
说明	该指令动作如参考图所示，与 G86 指令相同。工进到孔底后，主轴停转，快速退回，但在孔底有暂停
参考图	
应用	该指令主要用于精镗阶梯孔

参数	含　义
X、Y	用增量或绝对值指定孔位置，轨迹及进给速度与 G00 的定位相同
Z	R 点到孔底的距离（G91）或孔底坐标（G90）
R	初始点到 R 点的距离（G91）或 R 点的坐标（G90）
P	孔底暂停时间
F	指定切削进给速度
L	指定孔加工固定循环的次数，指令 L1 可以省略
注意事项	如果 Z 向的移动量为零，该指令不执行

 任务 3-7-3　思考与交流

① 镗孔固定循环指令有哪几种？分别应用在什么场合？讨论总结完成下列表格。

镗孔固定循环指令及用途

指　令	用　途

② 分析总结各种镗孔循环指令动作的特点。

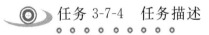 任务 3-7-4　任务描述

学习攻丝固定循环指令的格式与应用。分析如图 3-43 所示的端盖零件，编写 4×M10 螺纹孔的精加工程序。

 任务 3-7-4　工作过程

第 1 步　阅读与该任务相关的知识。

第 2 步　分析图 3-43 所示零件，确定加工工艺。

根据零件图形特点，采用虎钳装夹，以零件对称中心上表面为工件原点。螺纹孔加工工序为：

① 预钻底孔；

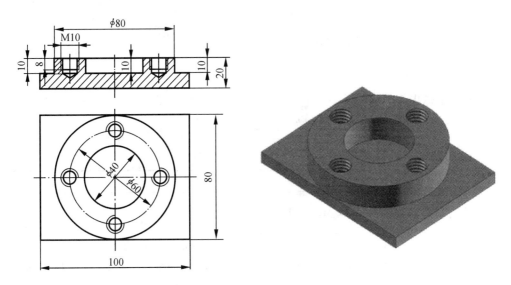

图 3-43　攻丝固定循环

② 攻螺纹孔。

第 3 步　根据各工序加工要求，选择合理的固定循环指令如下：

① 用 ϕ8.5 麻花钻预钻 4 个 M10 螺纹底孔（程序略）；

② 选用 M10 丝锥攻 4 个 M10 螺纹孔。

第 4 步　利用攻丝固定循环指令，编写任务 3-7-4 的加工参考程序如表 3-55 所示。

表 3-55　参考程序

程　序　单	功　　　能
%3057	程序号
G54 G90 G00 X0 Y0	用 G54 指令偏置零点
M03 S150	主轴正转 150 r/min
G43 H01 G00 Z100	镗刀已安装，调用 1 号刀具长度补偿
Z15	快速接近工件表面
G99 G84 X30 R5 P2 Z−8 F1	利用攻丝循环在（30，0）处攻螺纹
X0 Y−30	利用攻丝循环在（0，−30）处攻螺纹
X−30 Y0	利用攻丝循环在（−30，0）处攻螺纹
X0 Y30	利用攻丝循环在（0，30）处攻螺纹
G80 G00 Z100	取消固定循环，提刀
X0 Y0	快速到达 X、Y 轴零点
M05	主轴停转
M30	程序结束

第 5 步　机床图形模拟或仿真软件校验程序。

任务 3-7-4　相关知识

1. 攻丝循环指令 G84

攻丝循环 G84 指令的格式及说明如表 3-56 所示。

表 3-56　攻丝循环指令 G84

指令	G84
编程格式	$\begin{Bmatrix} \text{G98} \\ \text{G99} \end{Bmatrix}$ G84　X_ Y_ Z_ R_ P_ F_ L_
说明	如参考图所示，该循环执行攻丝。在这个攻丝循环中，主轴正转由 R 点向下攻丝，主轴转速与进给速度匹配，保证转进给量为螺距 F；当到达孔底时，主轴反转退出，主轴转速与进给速度匹配；退到 R 点（G99）后快退至初始点（G98）
参考图	
应用	该指令用于攻正螺纹，主轴正转攻丝。到孔底时主轴停止旋转，主轴反转退回
参数	含　　义
X、Y	用增量或绝对值指定孔位置，轨迹及进给速度与 G00 的定位相同
Z	R 点到孔底的距离（G91）或孔底坐标（G90）
R	初始点到 R 点的距离（G91）或 R 点的坐标（G90）
P	孔底暂停时间
F	螺纹导程
L	指定孔加工固定循环的次数，指令 L1 可以省略
注意事项	① 攻丝时速度倍率、进给保持均不起作用； ② R 应选在距工件表面 7 mm 以上的地方； ③ 如果 Z 向的移动量为零，该指令不执行

范例 6 用 M10×1 的右旋丝锥攻丝，编写如图 3-44 所示右旋螺纹孔的加工程序。

程序如下：

%3053

G54 G90 G00 X0 Y0

M03 S150

G43 H01 Z100

G99 G84 X15 Y15 R10 P2 Z-35 F1

G98 X65 Y45

G00 X0 Y0

M05

M30

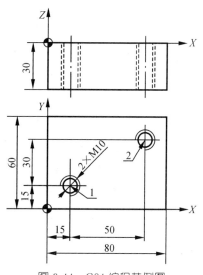

图 3-44 G84 编程范例图

2. 反攻丝循环指令 G74

反攻丝循环指令 G74 的格式及说明如表 3-57 所示。

表 3-57 反攻丝循环指令 G74

指令	G74
编程格式	$\begin{Bmatrix} G98 \\ G99 \end{Bmatrix}$ G74 X_ Y_ Z_ R_ P_ F_ L_
说明	如参考图所示，该反攻丝循环指令动作与 G84 相同，不同的是主轴反转攻丝，主轴正转退回
参考图	初始点 R点 G98 主轴反转攻丝 G99 主轴正转退出 孔底 Z点 左旋丝锥 初始点 R点 孔底 Z点
应用	该指令用于攻反螺纹，主轴反转攻丝

参数	含 义
X、Y	用增量或绝对值指定孔位置，轨迹及进给速度与 G00 的定位相同
Z	R 点到孔底的距离（G91）或孔底坐标（G90）
R	初始点到 R 点的距离（G91）或 R 点的坐标（G90）
P	孔底暂停时间
F	螺纹导程
L	指定孔加工固定循环的次数，指令 L1 可以省略
注意事项	① 攻丝时速度倍率、进给保持均不起作用； ② R 应选在距工件表面 7 mm 以上的地方； ③ 如果 Z 向的移动量为零，该指令不执行

任务 3-7-4　思考与交流

分析总结两种攻丝循环指令的特点及用途。

任务 3-8　简化编程指令

任务 3-8　任务描述

如图 3-45 所示的端盖零件，由 4 个凸台组成，一般编程时就会重复编写 4 次加工程序，这将增加程序的长度和复杂性。仔细观察端盖结构可以看出，4 个凸台形状完全一样，并且对称分布。因此，如果只编写 1 个凸台的程序，用镜像或旋转的功能使用同一程序加工另外 3 个凸台，将大大节省编程的时间和效率。

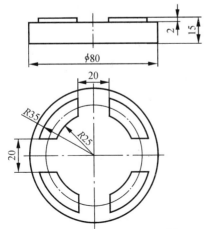

图 3-45　端盖零件图及实体图

任务 3-8　工作过程

第 1 步　阅读与该任务相关的知识。

第 2 步　分析零件图 3-45，确定加工工艺。

根据零件图形特点，采用三爪卡盘装夹，以零件对称中心上表面为工件原点。

第 3 步　工件为对称结构，所以可采用镜像、旋转两种简化编程方法，以镜像法编程为例，完成任务 3-8 的加工参考程序如表 3-58 所示。

表 3-58　参考程序

程 序 单	功 能
%3061	主程序
N02 G54 G90 G00 X0 Y0	用 G54 指令偏置零点
N04 M03 S600	主轴正转 600 r/min
N06 G43 H01 G00 Z100	建立刀具长度补偿并快速定位置 Z100
N08 M98 P100	调用子程序，加工第一象限轮廓
N10 G68 X0 Y0 P90	以（0，0）为中心坐标轴顺时针旋转 90°
N12 M98 P100	调用子程序，加工第二象限轮廓
N14 G68 X0 Y0 P180	以（0，0）为中心坐标轴顺时针旋转 180°
N16 M98 P100	调用子程序，加工第三象限轮廓
N18 G68 X0 Y0 P270	以（0，0）为中心坐标轴顺时针旋转 270°
N20 M98 P100	调用子程序，加工第四象限轮廓
N22 G69	取消坐标轴旋转
N25 M05	主轴停转快速接近工件表面
N26 M30	程序结束
%100	子程序
N50 G41 G00 X22.9 Y0 D01	建立刀具半径补偿
N52 Z5	快速接近工件到达工件上方 5 mm 高度
N54 G01 Z−5 F100	Z 向切入工件
N56 Y10	
N58 G03 X10 Y22.9 R25	
N60 G01 Y33.5	带刀具半径补偿切削轮廓
N62 G02 X33.5 Y10 R35	
N64 G01 X15	
N66 G00 Z100	快速抬刀至安全高度
N68 G40 X0 Y0	撤销刀具半径补偿
N70 M99	子程序结束并返回主程序

任务 3-8　相关知识

1. 子程序

① 子程序的格式为：

% * * * *

……

M99

在子程序开头，必须规定子程序号，以作为调用入口地址。在子程序的结尾用 M99，以控制执行完该子程序后返回主程序。

② 调用子程序的格式为：

M98 P * * * * L * *

其中 P 表示被调用的子程序号；L 表示重复调用次数，调用一次可省略。

注：可以带参数调用子程序；G65 指令的功能和参数与 M98 相同。

③ 子程序的执行过程如图 3-46 所示。

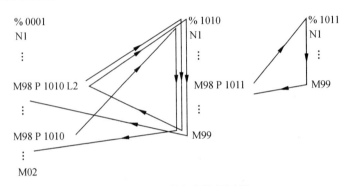

图 3-46 子程序的执行过程

对于华中世纪星 HNC 数控系统，主、子程序可写在同一个文件中，主程序在前、子程序在后，两者之间可空几行作分隔。而对于 FANUC 等数控系统，主、子程序是分别作为一个独立的程序文件存放的。HNC-21M 数控系统最多可进行 8 重调用。

2. 镜像功能指令 G24/G25

镜像功能指令 G24/G25 的格式及说明如表 3-59 所示。

表 3-59 镜像功能指令 G24 /G25

指令	G24/G25
编程格式	G24 X_ Y_ Z_（建立镜像） M98 P * * * *（调用子程序） G25 X_ Y_ Z_（取消镜像功能）
说明	如参考图所示，当工件相对于某一轴具有对称形状时，可以利用镜像功能和子程序，只对工件的一部分进行编程而能加工出工件的对称部分
参考图	镜像轴

续表

参数	含　义
G24	建立镜像
G25	取消镜像
X、Y、Z	镜像位置
注意事项	① 当某一轴的镜像有效时，该轴执行与编程方向相反的运动； ② 当采用绝对编程方式（G90）时，如采用"G24 X10"编程时，表示图形将以 $X=10$ 且平行于 Y 轴的直线作为对称轴；如采用"G24 X10 Y5"编程时，表示先以 $X=6$ 对称，然后再以 $Y=4$ 对称，两者综合结果即相当于以点（10，5）为对称中心的对称图形； ③ G24/G25 为模态指令，可相互注销，G25 为缺省值。如"G25 X0"表示取消前面的由 G24 X 产生的关于 Y 轴方向的对称，此时 X 后所带的值基本无意义，即任意数值均一样。当执行的 G25 后不带坐标指令时，将取消最近一次指定的对称关系

范例1 使用镜像功能编制如图 3-47 所示轮廓的加工程序。设刀具起点距工件上表面 100 mm，切削深度 5 mm。

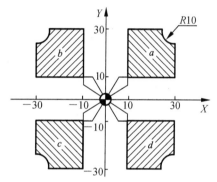

图 3-47　镜像功能范例图

参考程序如表 3-60 所示。

表 3-60　参考程序

程　序　单	功　能
％3063	主程序
G54 G90 G00 X0 Y0	
M03 S600	
G43 H01 Z100	
M98 P100	加工 a
G24 X0	Y 轴镜像，镜像位置为 $X=0$
M98 P100	加工 b
G24 X0 Y0	X 轴、Y 轴镜像，镜像位置为（0，0）
M98 P100	加工 c
G25 X0	X 轴镜像继续有效，取消 Y 轴镜像
M98 P100	加工 d
G25 X0 Y0	取消镜像

续表

程　序　单	功　　能
M05	
M30	
%100	子程序（a 的加工程序）
G41 G00 X10 Y4 D01	
Z5	
G01 Z－5 F100	
Y30	
X20	
G03 X30 Y20 I10	
G01 Y10	
X4	
G00 Z100	
G40 X0 Y0	
M99	

3. 缩放功能指令 G50/G51

缩放功能指令 G50/G51 的格式及说明如表 3-61 所示。

表 3-61　缩放功能指令 G50/G51

指令	G50/G51	
编程格式	G51 X_ Y_ Z_ P_ M98 P＊＊＊＊ G50	
说明	运动指令的坐标以（X，Y，Z）为缩放中心，按规定的缩放比例进行计算后加工	
参考图		
参数	含　　义	
G51	建立比例缩放	
G50	取消比例缩放	
X、Y、Z	缩放中心的坐标值	
P	缩放倍数	
注意事项	① G51 既可指定平面缩放，也可指定空间缩放； ② 在有刀具补偿的情况下，先进行缩放，然后才进行刀具半径补偿、刀具长度补偿； ③ G51/G50 为模态指令，可相互注销，G50 为缺省值	

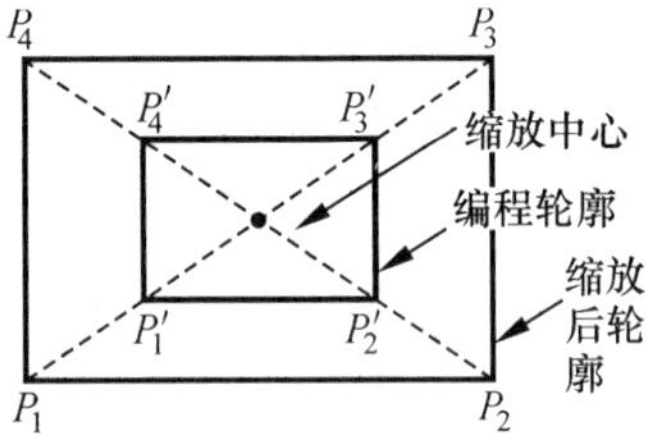

范例 2 使用缩放功能编制如图 3-48 所示轮廓的加工程序：已知三角形 ABC 的顶点为 A (10，30)、B (90，30)、C (50，110)，三角形 $A'B'C'$ 是缩放后的图形，其中缩放中心为 D (50，50)，缩放系数为 0.5 倍，设刀具起点距工件上表面 50 mm。

参考程序如表 3-62 所示。

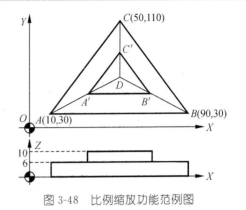

图 3-48 比例缩放功能范例图

表 3-62 参考程序

程 序 单	功 能
％0051	主程序
G17	
G54 G91 X0 Y0 Z60	
M03 S600 F300	
G43 G00 X50 Y50 Z−46 H01	
♯51＝14	
M98 P100	加工三角形 ABC
♯51＝8	
G51 X50 Y50 P0.5	缩放中心（50，50），缩放系数 0.5
M98 P100	加工三角形 $A'B'C'$
G50	取消缩放
G90 G00 X0 Y0 Z60	回起刀点
M30	
G49 Z46 M05 M30 ％100 N100 G42 G00 X−44 Y−20 D01 N120 Z［−♯51］ N150 G01 X84 N160 X−40 Y80 N170 X−44 Y−88 N180 Z［♯51］ N200 G40 G00 X44 Y28 N210 M99	子程序（三角形 ABC 的加工程序）

4. 旋转变换指令 G68/G69

旋转变换指令 G68/G69 的格式及说明如表 3-63 所示。

表 3-63 旋转变换指令 G68/G69

指令	G68/G69
编程格式	G68 X_ Y_ Z_ P_ M98 P＊＊＊＊ G69
说明	当工件结构是以某一点为旋转中心、将图形旋转某一角度的圆形排列时，只对工件的平行于某一轴的结构进行编程，而利用旋转功能加工出工件的圆形排列部分
参考图	

参数	含　义
G68	坐标旋转功能指令
G69	取消坐标旋转功能指令
X、Y、Z	旋转中心的坐标值，如果省略，则以程序原点为旋转中心
P	旋转角度，单位为度（°），取值范围为 0～360°
注意事项	① 在有刀具补偿的情况下，先旋转后刀补（刀具半径补偿、刀具长度补偿）；在有缩放功能的情况下，先缩放后旋转； ② G68/G69 为模态指令，可相互注销，G69 为缺省值

范例 3 如图 3-49 所示工件，工件结构 a、b 形状完全相同，结构 b 的各节点坐标难以计算，但是，它是在结构 a 的基础上绕坐标原点旋转 45°而成的，所以可以用坐标旋转功能编程。

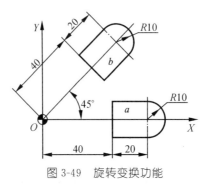

图 3-49　旋转变换功能

参考程序如表 3-64 所示。

表 3-64 参考程序

程 序 单	功 能
％3064	主程序
G54 G90 G00 X0 Y0	
M03 S600	
G43 H01 Z100	
M98 P100	加工 a
G68 X0 Y0 P45	旋转 45°
M98 P100	加工 b
G69	取消旋转
M05	
M30	
％100	子程序（a 的加工程序）
G41 G00 X40 Y－15 D01	
Z5	
G01 Z－5 F100	
Y10	
X60	
G02 Y－10 J－10	
G01 X35	
G00 Z100	
G40 G00 X0 Y0	
M99	

项目四

【教学重点】
· 数控系统操作面板
· 程序输入、编辑流程
· 程序校验运行与常见问题

程序的输入、编辑与校验

项目教学建议

序　号	任　务	建议学时数	建议教学方式	备　注
1	任务 4-1	1	示范教学、辅导教学	
2	任务 4-2-1	1	示范教学、辅导教学	
3	任务 4-2-2	1	示范教学、辅导教学	
4	任务 4-2-3	1	示范教学、辅导教学	
5	任务 4-3-1	2	示范教学、辅导教学	
6	任务 4-3-2	2	示范教学、辅导教学	
总计		8		

项目教学准备

序　号	任　务	设备准备	刀具准备	材料准备
1	任务 4-1	数控铣床 8 台		
2	任务 4-2-1	数控铣床 8 台		
3	任务 4-2-2	数控铣床 8 台		
4	任务 4-2-3	数控铣床 8 台		
5	任务 4-3-1	数控铣床 8 台		
6	任务 4-3-2	数控铣床 8 台		

（注：以每 40 名学生为一教学班，每 4～6 名学生为一个任务小组）

项目教学评价

序　号	任　务	教　学　评　价		
1	任务 4-1	好□	一般□	差□
2	任务 4-2-1	好□	一般□	差□
3	任务 4-2-2	好□	一般□	差□
4	任务 4-2-3	好□	一般□	差□
5	任务 4-3-1	好□	一般□	差□
6	任务 4-3-2	好□	一般□	差□

任务 4-1 数控系统操作面板的认识

◎ 任务 4-1 任务描述

打开一台 XD40A 数控铣床，对照图 4-1 的区域指示，认识 HNC-21M 数控系统操作面板各区域的名称，并了解其功能。

图 4-1 HNC-21M 数控系统操作面板

任务 4-1 工作过程

第 1 步 开机：① 合上机床电源空气开关；② 打开机床电气柜电源开关，系统上电；③ 按下急停开关，并向右旋转后松开，机床复位。

第 2 步 认识数控系统操作面板。对照表 4-1 了解 HNC-21M 数控系统操作面板的组成。

表 4-1 HNC-21M 数控系统操作面板的组成

区域序号	区域名称	功　能
(1)	菜单命令条	可通过菜单命令条中的功能键  ~ F10 来完成系统功能的操作
(2)	系统提示行	提示系统当前操作
(3)	系统当前状态信息	指示系统当前状态为直径/半径、公制/英制、分进给/转进给、快速修调倍率、进给修调倍率、主轴修调倍率
(4)	程序显示窗口	可根据需要，用功能键 F9 设置窗口的显示内容，可以显示程序、刀具轨迹、坐标等

续表

区域序号	区域名称	功能
(5)(6)	机床坐标及剩余进给，当前加工程序行	机床坐标显示当前位置在机床坐标系下的坐标；剩余进给显示当前位置与程序的终点之差；当前加工程序行显示当前正在或将要加工的程序段
(7)	系统当前任务栏	指示当前系统加工方式（根据机床控制面板上相应按键，可在自动运行/单段运行/手动运行/增量运行/回零/急停/复位等之间切换）；指示系统运行状态（在运行正常/出错之间切换）；指示系统时钟（当前系统时间）
(8)	运行程序索引	自动加工中的程序名和当前程序段行号
(9)	选定坐标系下的坐标值	坐标系可在机床坐标系/工件坐标系/相对坐标系之间切换，显示值可在指令位置/实际位置/剩余进给/跟踪误差/负载电流/补偿值之间切换
(10)	工件坐标系零点	工件坐标系零点在机床坐标系下的坐标
(11)	辅助机能	自动加工中的 M、S、T 代码

任务 4-1　相关知识

1. HNC-21M 数控系统操作面板认识及部分功能介绍

HNC-21M 数控系统操作面板如图 4-2 所示，各组成部分功能如表 4-2 所示。

图 4-2　HNC-21M 数控系统操作面板

表 4-2　HNC-21M 数控系统操作面板的组成

区 域 编 号	区 域 名 称	功　　　能
Ⅰ	机床控制按键	用于数控机床的手动控制
Ⅱ	MDI 键盘键	用于程序的手动输入及编辑
Ⅲ	液晶显示屏	用于显示数控系统软件操作界面
Ⅳ	功能软键	用于数控系统软件菜单操作
Ⅴ	"急停"按钮	用于机床紧急停止及复位

2. MDI 键盘认识及功能介绍

MDI 键盘如图 4-3 所示，各键功能如表 4-3 所示。

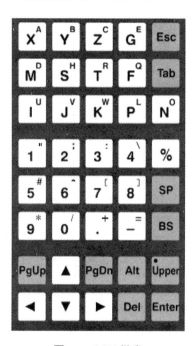

图 4-3　MDI 键盘

表 4-3　MDI 键盘各键的功能

键符	功　　　能	键符	功　　　能
X	用于字母"X"和"A"的输入	8	用于数字"8"和符号"]"的输入
Y	用于字母"Y"和"B"的输入	9	用于数字"9"和符号"*"的输入
Z	用于字母"Z"和"C"的输入	0	用于数字"0"和符号"/"的输入
G	用于字母"G"和"E"的输入	.	用于符号"."和"＋"的输入
M	用于字母"M"和"D"的输入	—	用于符号"－"和"＝"的输入
S	用于字母"S"和"H"的输入	%	用于符号"％"的输入

续表

键符	功　　能	键符	功　　能
T^R	用于字母"T"和"R"的输入	Esc	退出当前窗口
F^Q	用于字母"F"和"Q"的输入	Tab	选择切换键
I^U	用于字母"I"和"U"的输入	SP	空格键
J^V	用于字母"J"和"V"的输入	BS	回退键
K^W	用于字母"K"和"W"的输入	PgUp	向前翻页
P^L	用于字母"P"和"L"的输入	PgDn	向后翻页
N^O	用于字母"N"和"O"的输入	▲	光标上移键
1	用于数字"1"和符号"""的输入	▼	光标下移键
2	用于数字"2"和符号":"的输入	◀	光标左移键
3	用于数字"3"和符号";"的输入	▶	光标右移键
4	用于数字"4"和符号"\"的输入	Alt	ALT 功能键
5	用于数字"5"和符号"#"的输入	Upper	上档键
6	用于数字"6"和符号"~"的输入	Del	删除键
7	用于数字"7"和符号"["的输入	Enter	确认键（回车键）

3. HNC-21M 数控系统的功能菜单结构

① HNC-21M 数控系统菜单结构如图 4-4 所示。

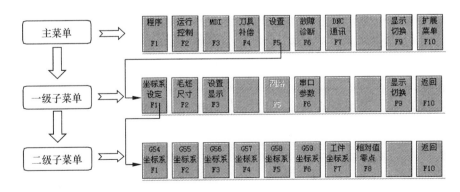

图 4-4　HNC-21M 数控系统菜单结构

② HNC-21M 数控系统菜单操作方法。在主菜单下按下相应功能键，系统装置会显示该功能下的一级子菜单，用户根据需要在一级子菜单下按下相应功能键，系统装置会显示该一级子菜单下的二级子菜单。如图 4-4 所示，在主菜单下按下 F5 键，然后再按下 F1 键，系统装置就显示坐标系设定的二级子菜单。当要返回主菜单时，在一级子菜单下按一次 F10 键即可；如果当前为二级子菜单，则连续按两次 F10 键即可返回主菜单。

③ HNC-21M 数控系统主要菜单内容如表 4-4 所示。

表 4-4　HNC-21M 数控系统主要菜单

菜单名称		操作方法	菜 单 内 容
主菜单		开机直接显示或用按功能键 F10 返回到菜单顶层	程序 F1　运行控制 F2　MDI F3　刀具补偿 F4　设置 F5　故障诊断 F6　DNC通讯 F7　　显示切换 F9　扩展菜单 F10
一级子菜单	程序·子菜单	在主菜单下按功能键 F1	选择程序 F1　编辑程序 F2　新建程序 F3　保存程序 F4　程序校验 F5　停止运行 F6　重新运行 F7　显示切换 F9　主菜单 F10
	运行控制子菜单	在主菜单下按功能键 F2	指定行运行 F1　　　　保存断点 F5　恢复断点 F6　　显示切换 F9　返回 F10
	MDI子菜单	在主菜单下按功能键 F3	MDI停止 F1　MDI清除 F2　回程序起点 F4　　　返回断点 F7　重新对刀 F8　　返回 F10
	刀具补偿子菜单	在主菜单下按功能键 F4	刀偏表 F1　刀补表 F2　　　　　　显示切换 F9　返回 F10
	设置子菜单	在主菜单下按功能键 F5	坐标系设定 F1　毛坯尺寸 F2　设置显示 F3　　网络 F5　串口参数 F6　　显示切换 F9　返回 F10
	扩展菜单子菜单	在主菜单下按功能键 F10	PLC F1　蓝图编程 F2　参数 F3　版本信息 F4　　注册 F6　帮助信息 F7　后台编辑 F8　显示切换 F9　主菜单 F10

续表

菜单名称	操作方法	菜单内容
二级子菜单 坐标系设定子菜单	在主菜单下按功能键 F5 → F2	G54坐标系 F1 ・ G55坐标系 F2 ・ G56坐标系 F3 ・ G57坐标系 F4 ・ G58坐标系 F5 ・ G59坐标系 F6 ・ 工件坐标系 F7 ・ 相对值零点 F8 ・ 返回 F10
PLC子菜单	在主菜单下按功能键 F10 → F1	装入PLC F1 ・ 编辑PLC F2 ・ 输入输出 F3 ・ 状态显示 F4 ・ 备份PLC F7 ・ 显示切换 F9 ・ 返回 F10
参数子菜单	在主菜单下按功能键 F10 → F3	参数索引 F1 ・ 修改口令 F2 ・ 输入口令 F3 ・ 置出厂值 F5 ・ 恢复前值 F6 ・ 备份参数 F7 ・ 装入参数 F8 ・ 返回 F10

任务 4-1　思考与交流

① 数控机床每次通电开机时，系统当前任务栏通常显示什么状态？

② 数控机床关闭电源前，应该如何操作才能确保下次安全开机？

③ "显示切换"功能有哪几种显示方式可供选择？

任务 4-2　程序的输入、编辑流程

任务 4-2-1　任务描述

新建一个文件名为 ONEW1 的程序，完成表 4-5 中程序的输入并保存。

表 4-5　文件名为 ONEW1 的程序

文 件 名	ONEW1	文 件 名	ONEW1
第 0 行	％3002	第 6 行	N11 X40
第 1 行	N01 G54 G90 G00 X－40 Y－60	第 7 行	N13 Y－40
第 2 行	N03 M03S800	第 8 行	N15 X－60
第 3 行	N05 Z5	第 9 行	N17 G00 Z100
第 4 行	N07 G01 Z－5 F120	第 10 行	N19 M05
第 5 行	N09 Y40	第 11 行	N21 M30

任务 4-2-1 工作过程

工作过程如表 4-6 所示。

表 4-6 任务 4-2-1 的工作过程

步骤	工作内容	工作过程
1	开机	同任务 4-1
2	建立一个新文件	在主菜单下，按功能键 F1 → F2 ，系统切换到如图 4-5 所示的"输入新文件名"界面
3	输入新文件名	在 MDI 键盘中按下功能键 Upper → N° → Upper → N° → Upper → G^E → K^W → Upper → 1 → Enter，完成"ONEW1"文件名的输入
4	输入程序第 0 行	在 MDI 键盘中按下功能键 % → 3 → 0 → 0 → 2 → Enter，完成"%3002"的输入
5	输入程序第 1 行	在 MDI 键盘中按下功能键 N° → 0 → 1 → G^E → 5 → 4 → G^E → 9* → 0 → G^E → 0 → 0 → X^A → - → 4 → 0 → Y^B → - → 6 → 0 → Enter，完成程序的输入
6	完成程序的输入	参照第 5 步的操作，依次完成程序的输入
7	保存程序	按功能键 F4 → Enter，保存好的程序如图 4-6 所示，任务结束

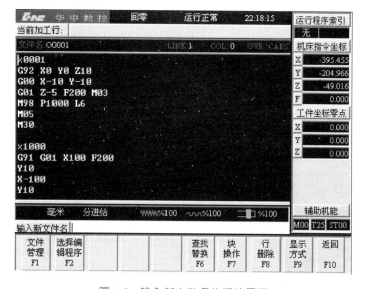

图 4-5 输入新文件名的系统界面

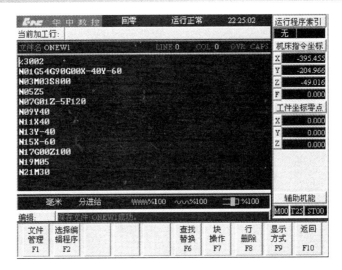

图 4-6　已保存好的"ONEW1"文件

任务 4-2-1　思考与交流

① 先输入的"ONEW1"和后来输入的"％3002"，有什么不同？

② 如果新建的程序文件名和系统中已保存的文件名相同，会出现什么情况？

任务 4-2-2　任务描述

打开已保存的 ONEW1 文件，按表 4-7 中的内容对第 4、6 行进行编辑，编辑完毕后将文件另存为 ONEW2。

表 4-7　将程序 ONEW1 修改并保存文件名为 ONEW2

文件名	ONEW1		文件名	ONEW2
第 0 行	％3002		第 0 行	％3002
第 1 行	N01 G54G90G00X－40Y－60		第 1 行	N01 G54G90G00X－40Y－60
第 2 行	N03 M03S800		第 2 行	N03 M03S800
第 3 行	N05 Z5		第 3 行	N05 Z5
第 4 行	N07 G01Z－5F120	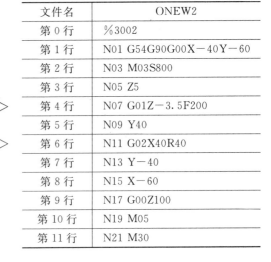	第 4 行	N07 G01Z－3.5F200
第 5 行	N09 Y40		第 5 行	N09 Y40
第 6 行	N11 X40		第 6 行	N11 G02X40R40
第 7 行	N13 Y－40		第 7 行	N13 Y－40
第 8 行	N15 X－60		第 8 行	N15 X－60
第 9 行	N17 G00Z100		第 9 行	N17 G00Z100
第 10 行	N19 M05		第 10 行	N19 M05
第 11 行	N21 M30		第 11 行	N21 M30

任务 4-2-2　工作过程

工作过程如表 4-8 所示。

表 4-8　任务 4-2-2 的工作过程

步骤	工作内容	工作过程
1	开机	同任务 4-1
2	打开 ONEW1 文件	在主菜单下，按下功能键 [F1] → [F1]，系统进入程序选择界面，用 MDI 键盘中的 [▲] 或 [▼] 键上下移动选择行，选择文件名为 "ONEW1" 的文件行，如图 4-7 所示，按下 [Enter] 键，打开 ONEW1 文件
3	将光标移至第 4 行	在 MDI 键盘中连续按下 [▼] 键，直至光标停在程序的第 4 行的行首
4	清除 "Z－5F120"	在 MDI 键盘中连续按下 [▶] 键，直至光标停在第 4 行的末尾，连续按下 [BS] 键直至清除 "Z－5F120" 为止
5	输入 "Z－3.5F200"	在 MDI 键盘中按下功能键 [Z] → [－] → [3] → [.] → [5] → [F] → [2] → [0] → [0]，完成 "Z－3.5F200" 输入
6	将光标移至第 6 行的 "X40" 前面	在 MDI 键盘中按下 [▼]、[▶] 或 [◀] 键，将光标停在第 6 行的 "X40" 前面
7	输入 "G02"	在 MDI 键盘中按下功能键 [G] → [0] → [2]
8	将光标移至第 6 行的 "X40" 后面	在 MDI 键盘中按下 [▼]、[▶] 或 [◀] 键，将光标停在第 6 行的 "X40" 后面
9	输入 "R40"	在 MDI 键盘中按下功能键 [Upper] → [T] → [Upper] → [4] → [0]
10	另存为文件 ONEW2	按下功能键 [F4] → 输入 ONEW2 → [Enter]，如图 4-8 所示，结束任务

图 4-7　程序选择界面

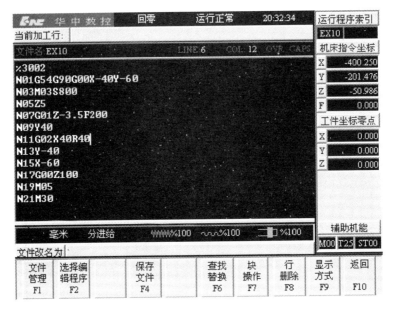

图 4-8　"另存为"文件界面

任务 4-2-2　思考与交流

如图 4-8 中所示状态，程序的第 0 行能不能编辑？怎样才能编辑？

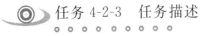

任务 4-2-3　任务描述

用系统编辑功能快捷键快速输入如表 4-9 所示程序 ONEW3。

表 4-9　文件名为 ONEW3 的参考程序

文　件　名	ONEW3	文　件　名	ONEW3
第 0 行	％1234	第 12 行	G00Z5
第 1 行	M03S800	第 13 行	G01Z−5F120
第 2 行	G54G90G00X100Y100	第 14 行	G91G01X−20Y20
第 3 行	G00Z5	第 15 行	X40
第 4 行	G01Z−5F120	第 16 行	Y−40
第 5 行	G91G01X−20Y20	第 17 行	X−40
第 6 行	X40	第 18 行	Y40
第 7 行	Y−40	第 19 行	G90G00Z50
第 8 行	X−40	第 20 行	G00X−100Y−100
第 9 行	Y40	第 21 行	G00Z5
第 10 行	G90G00Z50	第 22 行	G01Z−5F120
第 11 行	G00X−100Y100	第 23 行	G91G01X−20Y20

（第 3 行至第 11 行：定义成块）

续表

文 件 名	ONEW3	文 件 名	ONEW3
第 24 行	X40	第 32 行	G91G01X−20Y20
第 25 行	Y−40	第 33 行	X40
第 26 行	X−40	第 34 行	Y−40
第 27 行	Y40	第 35 行	X−40
第 28 行	G90G00Z50	第 36 行	Y40
第 29 行	G00X100Y−100	第 37 行	G90G00Z50
第 30 行	G00Z5	第 38 行	M05
第 31 行	G01Z−5F120	第 39 行	M30

任务 4-2-3　工作过程

工作过程如表 4-10 所示。

表 4-10　任务 4-2-3 的工作过程

步骤	工作内容	工 作 过 程
1	开机	同任务 4-1
2	建立一个新文件	在主菜单下，按下功能键 F1 → F2，按照系统提示创建新程序 "ONEW3"（参考任务 4-2-1）
3	输入 ONEW3 文件的第 0 行至第 10 行	使用 MDI 键盘，完成程序的输入（参考任务 4-2-1）
4	将第 3 行至第 10 行定义为块	将光标移动到第 3 行的行首，按下功能键 Upper → Alt + Y，再将光标移动到第 10 行的行尾，按下功能键 Alt + G，完成块的定义，如图 4-9 所示
5	拷贝块	按下功能键 Alt + J，完成块的复制（此时看不到任何显示变化）
6	连续复制 3 个块	按下 Enter 键，插入空白行，连续 3 次按下功能键 Alt + Z，完成 3 个块的输入
7	按要求在文件中插入第 11、20、29 行，以及第 38、39 行	按下 Upper 键，取消上档输入。根据 ONEW3 的第 11、20、29、38、39 行中的内容，完成程序的输入
8	保存文件	按下功能键 F4 → Enter，结束任务

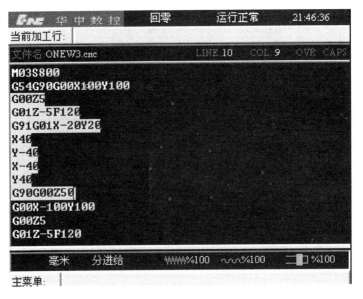

图 4-9　定义的块

任务 4-2-3　思考与交流

① 程序中的程序段顺序号有什么作用？

② 同一程序中可以有相同的程序段顺序号吗？程序段顺序号的大小是否决定程序段的执行顺序？

任务 4-2　相关知识

1. 查看系统快捷键的方法

在主菜单下，按功能键 F10，进入扩展菜单，再按功能键 F7，进入系统帮助界面。

2. 系统快捷键的定义

系统快捷键的定义如表 4-11 所示。

表 4-11　HNC-21M 数控系统的快捷键

序　号	快　捷　键	功　　能	类　　别
1	Alt＋B	定义块首	编辑功能快捷键
2	Alt＋E	定义块尾	
3	Alt＋D	删除	

序 号	快 捷 键	功 能	类 别
4	Alt+X	剪切	
5	Alt+C	拷贝	
6	Alt+V	复制	
7	Alt+F	查找	
8	Alt+R	替换	编辑功能快捷键
9	Alt+L	继续查找	
10	Alt+H	光标移到文件首	
11	Alt+T	光标移到文件尾	
12	Alt+F8	行删除	
13	Alt+K	查看上一条提示信息	提示信息查看快捷键
14	Alt+N	查看下一条提示信息	
15	Alt+C	将程序转换为加工代码	
16	PageUp	查看上一面帮助信息	帮助信息查看快捷键
17	PageDown	查看下一面帮助信息	

任务 4-3　程序的校验

◎ 任务 4-3-1　任务描述

请完成如图 4-10 所示端盖的精加工程序的输入并校验该程序，程序清单如表 4-12 所示。

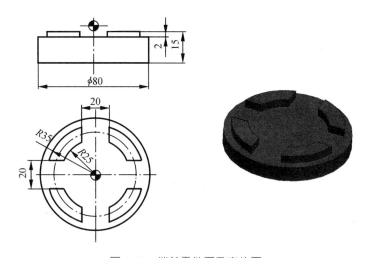

图 4-10　端盖零件图及实体图

表 4-12　端盖零件的精加工程序

程　序　单	功　　能
%3061	主程序
G54 G90 G00 X0 Y0	用 G54 指令偏置零点
M03 S600	主轴正转 600 r/min
G43 H01 G00 Z100	建立刀具长度补偿并快速定位置 Z100
M98 P100	调用子程序，加工第一象限轮廓
G68 X0 Y0 P90	以（0，0）为中心坐标轴旋转 90°
M98 P100	调用子程序，加工第二象限轮廓
G68 X0 Y0 P180	以（0，0）为中心坐标轴旋转 180°
M98 P100	调用子程序，加工第三象限轮廓
G68 X0 Y0 P270	以（0，0）为中心坐标轴旋转 270°
M98 P100	调用子程序，加工第四象限轮廓
G69	取消镜像
M05	主轴停转快速接近工件表面
M30	程序结束
%100	子程序
G41 G00 X22.9 Y0 D01	建立刀具半径补偿
Z5	快速接近工件到达工件上方 5 mm 高度
G01 Z−5 F100	Z 向切入工件
Y10	带刀具半径补偿切削轮廓
G03 X10 Y22.9 R25	
G01 Y33.5	
G02 X33.5 Y10 R35	
G01 X15	
G00 Z100	快速抬刀至安全高度
G40 X0 Y0	撤销刀具半径补偿
M99	子程序结束并返回主程序

任务 4-3-1　工作过程

工作过程如表 4-13 所示。

表 4-13　端盖零件精加工程序的校验过程

步骤	工 作 内 容	工 作 过 程
1	开机	操作方法同任务 4-1
2	输入表 4-12 所示的程序，并保存	输入过程略
3	程序校验	① 按功能键 F10 返回主菜单； ② 按功能键 F1 进入程序子菜单，按功能键 F5 准备校验程序，按操作面板上的 循环启动 键，程序校验开始，屏幕动态显示加工的刀具轨迹，图 4-11 所示为端盖程序的校验结果； ③ 为了保证安全，建议程序校验时将机床锁住

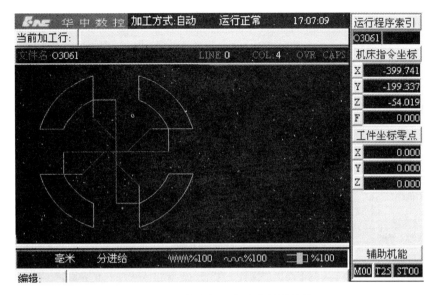

图 4-11　端盖精加工程序的校验结果

 任务 4-3-1　思考与交流

① 程序校验过程中系统界面中哪些区域在变化？

 任务 4-3-2　任务描述

用 DNC 方式传输图 4-10 所示端盖零件的加工程序，程序清单如表 4-12 所示，并校验程序。

 任务 4-3-2　工作过程

工作过程如表 4-14 所示。

表 4-14　用 DNC 方式传输并校验端盖零件程序

步骤	工作内容	工　作　过　程
1	编程	在电脑上用记事本输入端盖零件程序（或 CAM 自动编程），并以"ODG"文件名保存在指定的路径下，如图 4-12 所示
2	联机	用数据线将计算机和数控机床连接起来
3	开机	开启数控机床，设置串口参数。端口号为 1，波特率为 9600

步骤	工作内容	工 作 过 程
4	设置通讯软件	打开安装在计算机上的华中数控串口通讯软件，进入软件操作界面，如图4-13所示。单击操作界面上的 参数设置 按钮，弹出"串口参数设置"对话框，按机床串口参数进行设置，如图 4-14 所示。单击操作界面上的 打开串口 按钮，打开通讯串口，此时操作界面的状态栏显示为"COM1 打开，波特率为9600"
5	传输程序	单击操作界面上的 发送G代码 按钮，弹出打开文件对话框，在指定的路径下找到 ODG. TXT 文件，单击 打开(O) 按钮，程序开始传输，如图 4-15 所示
6	检查程序	程序传输完毕后，在数控机床上按 X^A 键退出文件接收界面。在数控系统主菜单下，按下功能键 F1 → F1，系统进入程序选择界面，选择已传输到内存中名为"ODG"的文件，按功能键 Enter → F2，进入编辑状态，浏览程序
7	校验	按 F10 键返回到程序子菜单，按 F5 键进入校验程序状态，按 循环启动 键，程序开始校验，检验结果如图 4-11 所示

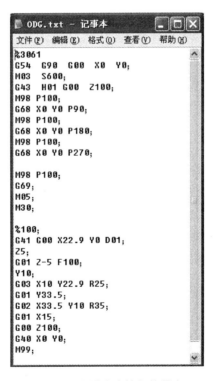

图 4-12　用记事本输入的程序

图 4-13　华中数控串口通讯软件的操作界面

图 4-14　"串口参数设置"对话框

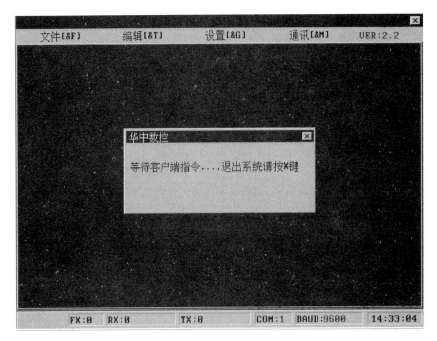

图 4-15　机床正在接受文件时的显示界面

任务 4-3-2　思考与交流

① 如何将数控机床内存中的文件导出到计算机的硬盘中？

② 所使用的数控机床上有哪些接口可以与外接存储器相连？

任务 4-3　相关知识

1. 程序校验

程序校验用于对调入加工缓冲区的程序文件进行校验，并提示可能的错误。

以前未在机床上运行的新程序在调入或编辑后最好先进行校验运行，正确无误后再启动自动运行。

程序校验运行的操作步骤如下：

① 按任务 4-2-2 的方法，调入要校验的加工程序；

② 按机床控制面板上的"自动"或"单段"按键进入程序运行方式；

③ 在程序菜单下，按 F5 键，此时操作界面的工作方式显示为"自动校验"，可以通过 F9 "显示切换"按键选择需要的画面；

④ 按机床控制面板上的 [循环启动] "循环启动"按键，程序校验开始；

⑤ 若程序正确，校验完成后，光标将返回到程序头，且软件操作界面的工作方式显示改为"自动"或"单段"；若程序有错，命令行将提示程序的哪一行有错，修改后可继续校验，直到程序正确为止。

注意事项　校验运行时，机床不动作；为确保加工程序正确无误，请选择不同的图形显示方式来观察校验运行的结果。

2. 停止运行

在程序运行的过程中，需要暂停运行，可按下述步骤操作：

① 在程序菜单下，按 [F6] 键；

② 按"N"键则暂停程序运行，并保留当前运行程序的模态信息（暂停运行后，可按"循环启动"按键从暂停处重新启动运行）；

③ 按"Y"键则停止程序运行，并卸载当前运行程序的模态信息（停止运行后，必须从程序头重新启动运行）。

3. 重新运行

在当前加工程序中止自动运行后，希望从程序头重新开始运行时，可按下述步骤操作：

① 在程序菜单下，按 [F7] 键；

② 按"N"键则取消重新运行；

③ 按"Y"键则光标返回到程序头，再按机床控制面板上的"循环启动"按键，即从程序首行开始重新运行当前加工程序。

项目五

【教学重点】
· 零件的加工方法
· 零件的检测方法

零件的加工、检测与装配

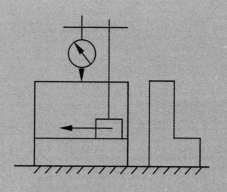

项目教学建议

序 号	任 务	建议学时数	建议教学方式	备 注
1	任务 5-1	2	示范教学、辅导教学	
2	任务 5-2	2	示范教学、辅导教学	
3	任务 5-3	2	示范教学、辅导教学	
4	任务 5-4	2	示范教学、辅导教学	
5	任务 5-5	2	示范教学、辅导教学	
总计		10		

项目教学准备

序 号	任 务	设备准备	刀具准备	材料准备
1	任务 5-1	数控铣床 10 台	ϕ60 面铣刀、ϕ120 铣刀、ϕ16 立铣刀、ϕ10 立铣刀	90×90×38 方料 10 块
2	任务 5-2	数控铣床 10 台	ϕ120 面铣刀、ϕ10 键槽铣刀、ϕ10 立铣刀	90×90×36 方料 10 块
3	任务 5-3	数控铣床 10 台	ϕ6 中心钻、ϕ8.5 麻花钻、ϕ11.7 麻花钻、ϕ12H8 铰刀、ϕ31.8 粗镗镗刀、ϕ32 精镗镗刀、ϕ16 立铣刀、M10 机用丝锥（右牙）	90×90×30 方料 10 块
4	任务 5-4	数控铣床 10 台	ϕ16 立铣刀、ϕ10 立铣刀、ϕ8 立铣刀、ϕ6 中心钻、ϕ11.7 麻花钻、ϕ12H8 铰刀	90×90×30 方料 10 块
5	任务 5-5	数控铣床 10 台	ϕ10 立铣刀、ϕ8 键槽铣刀、ϕ8 立铣刀	90×90×30 方料 10 块

项目教学评价

序 号	任 务	教学评价		
1	任务 5-1	好□	一般□	差□
2	任务 5-2	好□	一般□	差□
3	任务 5-3	好□	一般□	差□
4	任务 5-4	好□	一般□	差□
5	任务 5-5	好□	一般□	差□

任务 5-1　平面及外轮廓铣削加工

 任务 5-1　任务描述

完成如图 5-1 所示零件上表面（含上凸台）的加工。

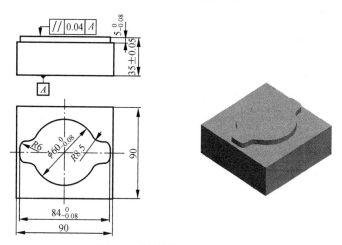

图 5-1　零件图及三维效果图

任务 5-1　工作过程

第 1 步　分析图 5-1 所示零件，确定加工工艺。根据零件的工艺特点和毛坯尺寸确定的加工工艺路线如表 5-1 所示。

表 5-1　零件上表面（含凸台）的加工工艺路线

1. 铣削平面	① 采用平口虎钳装夹工件：借用平垫块调整工件高度，使工件高出钳口约 10 mm； ② 粗铣基准面：使用 ϕ60 盘铣刀，采用双向走刀方式，粗加工至 41 mm 高度； ③ 掉头装夹工件：装夹工件时，务必保证工件紧固，保证平行度； ④ 精铣上表面至尺寸及平行度要求：使用 ϕ120 盘铣刀，采用单向走刀方式，精加工工件高度至尺寸要求
2. 外轮廓加工	① 粗加工外形轮廓：使用 ϕ16 立铣刀，粗加工外轮廓，单边留 0.2 mm 余量，台阶高度至尺寸要求； ② 精加工外形轮廓：使用 ϕ10 立铣刀，对工件外轮廓顺铣精加工至公差要求

第 2 步　根据零件的工艺特点，确定刀具及其切削用量，结果如表 5-2 所示；确定可能用到的其他工具，结果如表 5-3 所示。

表 5-2　确定的刀具及其切削用量

刀具号	刀 具 规 格	工序内容	进给量 $f/$（mm/min）	背吃刀量 $a_p/$mm	主轴转速 $n/$（r/min）
T01	可转位硬质合金面铣刀，直径 $\phi60$，镶有 4 片圆形刀片	粗铣平面	400	1	400
T02	可转位硬质合金铣刀，直径 $\phi120$，镶有 8 片四角形刀片	精铣平面	120	0.5	300
T03	直径 $\phi16$ 的高速钢三刃立铣刀	粗铣外轮廓	200	2	600
T04	直径 $\phi10$ 的高速钢三刃立铣刀	精铣外轮廓	150	0.5	800

表 5-3　可能用到的其他工具

工、量、刀具清单				图号	5-1
序　号	名　称	规　格	精　度	单　位	数　量
1	Z 轴设定器	50	0.01	个	1
2	游标卡尺	1～150	0.02	把	1
3	深度游标卡尺	0～200	0.02	把	1
4	百分表及表座	0～0.8	0.01	套	1
5	硬质合金面铣刀	$\phi60$		把	1
6	高速钢立铣刀	$\phi16$		把	1
7	高速钢立铣刀	$\phi10$		把	1
8	平行垫铁			副	若干
9	铜棒			个	1
10	固定扳手			把	若干
11	防护眼镜			副	1

　　第 3 步　根据零件图以及前两步所确定的工艺路线和用具编写加工程序，参考程序如表 5-4 所示。

表 5-4　参考程序

1. 粗铣基准面程序	
%0001	
N10 G40 G49 G80	注销刀具半径补偿和固定循环功能
N12 M03 S400	主轴以 400 r/min 正转
N14 G90 G54 G00 X90 Y−40	用 G54 指令建立工件坐标系，刀具快速移到右下角
N16 G43 H01 Z100	加入刀具长度补偿，刀位点距工件上表面 100 mm
N18 Z10	刀位点距工件上表面 10 mm
N20 G01 Z−1 F200	直线插补下刀 1 mm
N22 G01 X−80 F400	−X 向铣削
N24 Y0	+Y 向进刀
N26 X80	+X 向铣削
N28 Y40	+Y 向进刀
N30 X−80	−X 向铣削
N32 G00 Z150	抬刀至工件上表面 150 mm
N34 M05	主轴停转
N36 M30	程序结束并返回

续表

2. 精铣上表面程序

%0002	
N10 G40 G49 G80	注销刀具半径补偿和固定循环功能
N12 M03 S400	主轴以 400 r/min 正转
N14 G90 G54 G00 X90 Y0	用 G54 指令建立工件坐标系，刀具快速移到右下角
N16 G43 H02 Z100	加入刀具长度补偿，刀位点距工件上表面 100 mm
N18 Z10	刀位点距工件上表面 10 mm
N20 G01 Z－0.5 F200	直线插补下刀 0.5 mm
N22 G01 X－80 F120	－X 向铣削
N24 G00 Z150	抬刀至工件上表面 150 mm
N26 M05	主轴停转
N28 M30	程序结束并返回

3. 粗、精铣外轮廓程序

%0003	
N10 G40 G49 G80	注销刀具半径补偿和固定循环功能
N12 M03 S600	主轴以 600 r/min 正转
N14 G90 G54 G00 X0 Y－60	用 G54 指令建立工件坐标系，刀具快速移到起刀点上方
N16 G43 H03 Z100	加入刀具长度补偿，刀位点距工件上表面 100 mm （用 T04 号刀具时采用 H04）
N18 Z10	刀位点距工件上表面 10 mm
N20 G01 Z－2 F200	直线插补下刀 2 mm
N22 G41 D03 X20 Y－50 F200	建立刀具左补偿（精加工时用 D04）
N24 G03 X0 Y－30 R20	圆弧进刀
N26 G02 X－26.31 Y－14.416 R30	外轮廓铣削
N28 G03 X－33.754 Y－10 R8.5	
N30 G01 X－36	
N32 G02 X－42 Y－4 R6	
N34 G01 Y4	
N36 G02 X－36 Y10 R6	
N38 G01 X－33.754	
N40 G03 X－26.31 Y14.416 R8.5	
N42 G02 X26.31 R35	
N44 G03 X33.754 Y10 R8.5	
N46 G01 X36	
N48 G02 X42 Y4 R6	
N50 G01 Y－4	
N52 G02 X36 Y10 R6	
N54 G01 X33.754	
N56 G03 X26.31 Y－14.416 R8.5	
N58 G02 X0 Y－30 R30	
N60 G03 X－20 Y－50 R20	圆弧退刀
N62 G40 G01 X0 Y－60	取消刀补
N64 G00 Z150	抬刀至工件上表面 150 mm
N66 M05	主轴停转
N68 M30	程序结束并返回

第 4 步　具体操作步骤如下。

① 加工准备：开机，机床回参考点；输入程序并检查该程序；安装夹具，夹紧工件；准备刀具。

② 对刀设定工件坐标系：X、Y 向对刀；Z 向对刀。

③ 输入刀具补偿值：刀具长度补偿，根据 Z 向对刀时测得的刀具长度补偿数值，输入到对应的刀具长度偏置表中；刀具半径补偿，$D_{01}=0$，$D_{02}=0$；粗铣外轮廓时，刀具半径补偿值的输入应考虑到所留余量，$D_{03}=8.2$ mm；精加工时 $D_{04}=5$ mm。

④ 程序调试：把工件坐标系的 Z 值朝正方向平移 50 mm，方法是在工件坐标系参数 G54 中输入 50 mm，按下启动键，适当降低进给速度，检查刀具运动是否正确。

⑤ 工件加工：把工件坐标系的 Z 值恢复原值，将进给速度打到低档，关闭机床门，按下启动键；密切观察刀具及工件的运动状况，待机床加工时适当调整主轴转速和进给速度，保证加工正常。

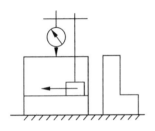

图 5-2　利用百分表测量平面度

⑥ 工件测量：程序执行完毕后，返回到设定高度，机床自动停止；工件测量前，先将工件吹净、擦干；除测量尺寸外，还必须用百分表测量工件的上平面（见图 5-2）的平面度是否在要求的范围之内。

⑦ 结束加工：松开夹具，卸下工件，清理机床。

注意事项

① 关于刀具半径补偿：在大平面加工过程中，如果是一个敞开边界的大平面铣削，就没必要加入刀具的半径补偿功能，可以直接采用刀具的中心按图纸尺寸编写程序。

② 关于行切编程：行切过程中，粗加工时为提高工作效率，采取双向工作进给；精加工时为提高零件的表面质量，采取单向工作进给。

任务 5-1　相关知识

根据"基面先行，先粗后精"的原则，加工路线的确定一般应先加工基面，先粗铣后精铣，从右下角开始头尾双向加工；然后再精加工上表面，精铣路线采取单向进刀加工。图 5-3（a）为粗加工路线图，图 5-3（b）为精加工路线图。

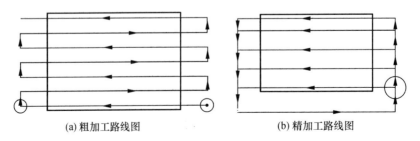

(a) 粗加工路线图　　　　　　　(b) 精加工路线图

图 5-3　粗、精加工路线图

任务 5-2　平面及内轮廓铣削加工

任务 5-2　任务描述

完成如图 5-4 所示零件的上表面以及凹槽轮廓的加工。已知零件材料为 45 钢，要求进行平面铣削。

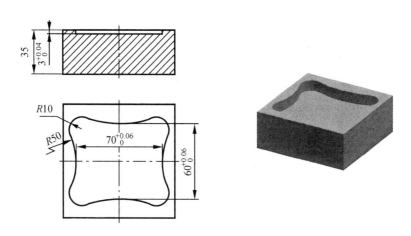

图 5-4　零件图及三维效果图

任务 5-2　工作过程

第 1 步　分析零件图 5-4，确定加工工艺。根据零件的工艺特点和毛坯尺寸确定的加工工艺路线如表 5-5 所示。

表 5-5　加工工艺路线

1. 铣削平面 	① 采用平口虎钳装夹工件：借用平垫块调整工件高度，使工件高出钳口约 10 mm； ② 粗、精铣上表面至尺寸要求：使用 ϕ120 盘铣刀，采用单向走刀方式，精加工工件高度至尺寸要求
2. 内轮廓加工	① 粗加工内轮廓：使用 ϕ10 键槽铣刀，粗加工内轮廓，单边留 0.2 mm 余量，型腔深度至尺寸要求； ② 精加工内轮廓：使用 ϕ10 立铣刀，对工件内轮廓顺铣精加工至公差要求

第 2 步　根据零件的工艺特点确定刀具及其切削用量，结果如表 5-6 所示；确定可能用到的其他工具，结果如表 5-7 所示。

表 5-6　确定的刀具及其切削用量

刀具号	刀 具 规 格	工序内容	进给量 $f/$（mm/min）	背吃刀量 $a_p/$mm	主轴转速 $n/$（r/min）
T01	可转位硬质合金铣刀，直径 ϕ120，镶有 8 片四角形刀片	粗、精铣平面	120	0.5	300
T02	直径 ϕ10 的高速钢键槽铣刀	粗铣外轮廓	200	2	600
T03	直径 ϕ10 的高速钢三刃立铣刀	精铣外轮廓	150	0.5	800

表 5-7　可能用到的其他工具

工、量、刃具清单				图　号	5-4
序　号	名　称	规　格	精　度	单　位	数　量
1	Z 轴设定器	50	0.01	个	1
2	游标卡尺	1～150	0.02	把	1
3	深度游标卡尺	0～200	0.02	把	1
4	百分表及表座	0～0.8	0.01	套	1
5	硬质合金面铣刀	ϕ60		把	1
6	高速钢键槽铣刀	ϕ10		把	1
7	高速钢立铣刀	ϕ10		把	1
8	平行垫铁			副	若干
9	铜棒			个	1
10	固定扳手			把	若干
11	防护眼镜			副	1

第 3 步　根据零件图以及前两步所确定的工艺路线和用具编写加工程序，参考程序如表 5-8 所示。

表 5-8　参考程序

1. 粗、精铣上表面程序	
%0001	
N10 G40 G49 G80	注销刀具半径补偿和固定循环功能
N12 M03 S300	主轴以 400 r/min 正转
N14 G90 G54 G00 X90 Y0	用 G54 指令建立工件坐标系，刀具快速移到右下角
N16 G43 H01 Z100	加入刀具长度补偿，刀位点距工件上表面 100 mm
N18 Z10	刀位点距工件上表面 10 mm
N20 G01 Z−0.5 F200	直线插补下刀 0.5 mm
N22 G01 X−80 F120	−X 向铣削
N24 G00 Z150	抬刀至工件上表面 150 mm
N26 M05	主轴停转
N28 M30	程序结束并返回

2. 粗、精铣内轮廓程序

%0002	
N10 G40 G49 G80	注销刀具半径补偿和固定循环功能
N12 M03 S600	主轴以 600 r/min 正转
N14 G90 G54 G00 X0 Y0	用 G54 指令建立工件坐标系，刀具快速移到起刀点上方
N16 G43 H02 Z100	加入刀具长度补偿，刀位点距工件上表面 100 mm
N18 Z5	刀位点距工件上表面 5 mm
N20 G01 Z−2 F80	慢速直线插补下刀 2 mm
N22 G41 D02 X20 Y10 F200	建立刀具左补偿（精加工时用 D03）
N24 G03 X0 Y30 R20	圆弧进刀
N26 G02 X−27.225 Y34.775 R80	内轮廓铣削
N28 G03 X−39.547 Y20.833 R10	
N30 G02 Y−20.833 R50	
N32 G03 X−27.225 Y−34.775 R10	
N34 G02 Y27.225 R80	
N36 G03 X39.547 Y−20.833 R10	
N38 G02 Y20.833 R50	
N40 G03 X27.225 Y34.775 R10	
N42 G02 X0 Y30 R80	
N44 G03 X−20 Y10 R20	圆弧退刀
N46 G40 G01 X0 Y0	取消刀补
N48 G00 Z150	抬刀至工件上表面 150 mm
N50 M05	主轴停转
N52 M30	程序结束并返回

第 4 步　具体操作步骤如下。

① 加工准备：开机，机床回参考点；输入程序并检查该程序；安装夹具，夹紧工件；准备刀具。

② 对刀设定工件坐标系：X、Y 向对刀；Z 向对刀。

③ 输入刀具补偿值：刀具长度补偿，根据步 Z 向对刀时测得的刀具长度补偿数值，输入到对应的刀具长度偏置表中；刀具半径补偿，$D_{01}=0$，粗铣内轮廓时，刀具半径补偿值的输入应考虑到所留余量，$D_{02}=5.2$ mm；精加工时 $D_{03}=5$ mm 或根据公差要求确定。

④ 程序调试：把工件坐标系的 Z 值朝正方向平移 50 mm，方法是在工件坐标系参数 G54 中输入 50 mm，按下启动键，适当降低进给速度，检查刀具运动是否正确。

⑤ 工件加工：把工件坐标系的 Z 值恢复原值，将进给速度打到低档，关闭机床门，按下启动键；密切观察刀具及工件的运动状况，待机床加工时适当调整主轴转速和进给速度，保证加工正常。

⑥ 工件测量：程序执行完毕后，返回到设定高度，机床自动停止，工件测量前，先将工件吹净、擦干。

⑦ 结束加工：松开夹具，卸下工件，清理机床。

注意事项

在内型腔加工过程中会遇到刀具需要 Z 向切削下刀的问题。对于普通高速钢立铣刀，其中间部分没有刀刃，如果直接 Z 向下刀，会使刀具损坏。解决的方法：一是采用中间有刀刃的键槽刀；二是在 Z 向下刀位置先进行预钻孔。本例采用第一种方法。

任务 5-3　孔系加工

任务 5-3　任务描述

完成如图 5-5 所示零件的加工，需要加工四个均布的螺纹孔、两个对称定位孔及中间台阶孔。已知零件材料为 45 钢。

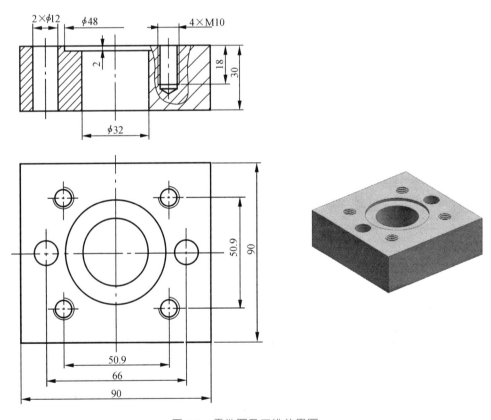

图 5-5　零件图及三维效果图

任务 5-3　工作过程

第 1 步　分析零件图 5-5，确定加工工艺。根据零件的工艺特点和毛坯尺寸确定的加工工艺路线如表 5-9 所示。

表 5-9　孔系加工工艺路线

1. 中心钻孔定位	
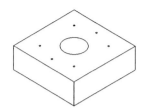	① 采用平口虎钳装夹工件：借用平垫块调整工件高度；垫块分两侧垫在工件下表面，防止通孔加工时干涉； ② 中心钻孔定位：使用中心钻在欲加工孔的位置，对孔进行定位
2. 钻 ϕ8.5 底孔	
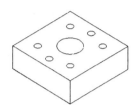	钻 ϕ8.5 底孔：使用 ϕ8.5 钻头，在 4×M10 位置钻孔深至 20 mm，2×ϕ12 位置钻通孔
3. 加工 2×ϕ12 通孔	
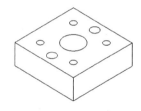	① 扩孔加工：使用 ϕ11.7 钻头，2×ϕ12 位置通孔扩至 ϕ11.7； ② 铰孔加工：使用 ϕ12H8 铰刀，在 2×ϕ12 位置通孔铰至尺寸要求
4. 加工中间 ϕ32 通孔	
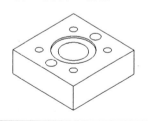	① 粗镗中间孔：使用调整好的直径 ϕ31.8 粗镗镗刀，粗镗中间孔； ② 精镗中间孔：使用调整好的直径 ϕ32 精镗镗刀，精镗中间孔至尺寸要求； ③ 粗、精铣沉头孔：使用直径 ϕ16 立铣刀，粗、精铣沉头孔
5. 加工 4×M10 螺纹孔	
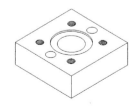	攻 4×M10 螺纹孔：使用 M10 机用丝锥（右牙）攻螺纹孔，螺纹孔深 18 mm

　　第 2 步　根据零件的工艺特点确定刀具及其切削用量，结果如表 5-10 所示；确定可能用到的其他工具，结果如表 5-11 所示。

表 5-10　孔系加工所用的刀具及其切削用量

刀具号	刀 具 规 格	工序内容	进给量 $f/$（mm/min）	背吃刀量 $a_p/$mm	主轴转速 $n/$（r/min）
T01	中心钻 $\phi 6$	钻中心孔	80		1000
T02	直径 $\phi 8.5$ 麻花钻	钻螺纹底孔	60	4.25	500
T03	直径 $\phi 11.7$ 麻花钻	扩孔	60	1.6	400
T04	直径 $\phi 12H8$ 铰刀	铰 $\phi 12H8$ 孔	60	0.15	200
T05	直径 $\phi 31.8$ 粗镗镗刀	粗镗中间孔	60	0.9	350
T06	直径 $\phi 32$ 精镗镗刀	精镗中间孔	40	0.1	450
T07	直径 $\phi 16$ 立铣刀	铣 $\phi 48$ 沉头孔	200	2	600
T08	M10 机用丝锥（右牙）	攻 M10 螺纹孔	80		100

表 5-11　孔系加工需要用到的其他工具

工、量、刃具清单				图　号	5-1
序　号	名　称	规　格	精　度	单　位	数　量
1	Z 轴设定器	50	0.01	个	1
2	游标卡尺	1～150	0.02	把	1
3	深度游标卡尺	0～200	0.02	把	1
4	百分表及表座	0～0.8	0.01	套	1
5	中心钻	$\phi 6$		把	1
6	麻花钻	$\phi 8.5$		把	1
7	麻花钻	$\phi 11.7$		把	1
8	铰刀	$\phi 12H8$		把	1
9	粗镗镗刀	$\phi 31.8$		把	1
10	精镗镗刀	$\phi 32$		把	1
11	立铣刀	$\phi 16$		把	1
12	M10 机用丝锥	M10		把	1
13	平行垫铁			副	若干
14	铜棒			个	1
15	固定扳手			把	若干
16	防护眼镜			副	1

　　第 3 步　根据零件图以及前两步所确定的工艺路线和用具编写加工程序，参考程序如表 5-12 所示。

表 5-12　参考程序

1. 用中心钻点孔程序	
%0001	
N10 G40 G49 G80	注销刀具半径补偿和固定循环功能
N12 M03 S1000	主轴以 1 000 r/min 正转
N14 G90 G54 G00 X－33 Y0	用 G54 指令建立工件坐标系，刀具快速移到下刀点
N16 G43 H01 Z100	加入刀具长度补偿，刀位点距工件上表面 100 mm

续表

N18 G99 G81 X－33 Y0 Z－2 R5 F80	
N20 X33 Y0	钻孔循环钻深 2 mm，刀位点距工件上表面 5 mm
N22 X25.45 Y25.45	
N24 X－25.45 Y25.45	
N26 X－25.45 Y－25.45	
N28 X25.45 Y－25.45	
N30 G00 Z150	抬刀至工件上表面 150 mm
N32 M05	主轴停转
N34 M30	程序结束并返回

2. 钻 ϕ8.5 底孔程序

%0002	
N10 G40 G49 G80	注销刀具半径补偿和固定循环功能
N12 M03 S500	主轴以 500 r/min 正转
N14 G90 G54 G00 X－33 Y0	用 G54 指令建立工件坐标系，刀具快速移到下刀点
N16 G43 H02 Z100	加入刀具长度补偿，刀位点距工件上表面 100 mm
N18 G99 G83 X－33 Y0 Z－37 R5 Q3 F80	钻孔循环钻深 37 mm
N20 X33 Y0	
N22 G99 G83 X25.45 Y25.45 Z－23 R5 Q3 F80	
N24 X－25.45 Y25.45	钻 4－M10 螺纹底孔，孔深 23 mm
N26 X－25.45 Y－25.45	
N28 X25.45 Y－25.45	
N30 G00 Z150	抬刀至工件上表面 150 mm
N32 M05	主轴停转
N34 M30	程序结束并返回

3. 扩 2×ϕ12 孔程序

%0003	
N10 G40 G49 G80	注销刀具半径补偿和固定循环功能
N12 M03 S400	主轴以 400 r/min 正转
N14 G90 G54 G00 X－33 Y0	用 G54 指令建立工件坐标系，刀具快速移到下刀点
N16 G43 H03 Z100	加入刀具长度补偿，刀位点距工件上表面 100 mm
N18 G99 G83 X－33 Y0 Z－37 R5 Q3 F80	钻孔循环扩孔
N20 X33 Y0	
N22 G80	取消固定循环
N24 G00 Z150	抬刀至工件上表面 150 mm
N26 M05	主轴停转
N28 M30	程序结束并返回

4. 铰 $2 \times \phi 12$ 孔程序

%0004	
N10 G40 G49 G80	注销刀具半径补偿和固定循环功能
N12 M03 S200	主轴以 200 r/min 正转
N14 G90 G54 G00 X−33 Y0	用 G54 指令建立工件坐标系，刀具快速移到下刀点
N16 G43 H04 Z100	加入刀具长度补偿，刀位点距工件上表面 100 mm
N18 G99 G81 X−33 Y0 Z−38 R5 F80	钻孔循环铰孔
N20 X33 Y0	
N24 G80	取消固定循环
N26 G00 Z150	抬刀至工件上表面 150 mm
N28 M05	主轴停转
N30 M30	程序结束并返回

5. 粗、精镗 $\phi 32$ 孔程序

%0005	
N10 G40 G49 G80	注销刀具半径补偿和固定循环功能
N12 M03 S350	主轴以 350 r/min 正转
N14 G90 G54 G00 X0 Y0	用 G54 指令建立工件坐标系，刀具快速移到下刀点
N16 G43 H05 Z100	加入刀具长度补偿，刀位点距工件上表面 100 mm
N18 G99 G81 X0 Y0 Z−37 R5 F80	固定循环镗孔
N20 G80	取消固定循环
N22 G00 Z150	抬刀至工件上表面 150 mm
N24 M05	主轴停转
N26 M30	程序结束并返回

6. 铣 $\phi 48$ 沉头孔程序

%0006	
N10 G40 G49 G80	注销刀具半径补偿和固定循环功能
N12 M03 S600	主轴以 600 r/min 正转
N14 G90 G54 G00 X0 Y0	用 G54 指令建立工件坐标系，刀具快速移到下刀点
N16 G43 H06 Z100	加入刀具长度补偿，刀位点距工件上表面 100 mm
N18 Z5	刀位点距工件上表面 5 mm
N20 G01 Z−2 F100	直线插补下刀，深 2 mm
N22 G41 D06 Y24 F100	建立刀具半径左补偿
N24 G03 J−24	逆时针铣削整圆
N26 G40 G01 X0 Y0	取消刀具半径补偿
N34 G00 Z150	抬刀至工件上表面 150 mm
N36 M05	主轴停转
N38 M30	程序结束并返回

续表

7. 攻 4×M10 螺纹孔程序

‰0007	
N10 G40 G17 G80	注销刀具半径补偿和固定循环功能
N12 M03 S100	主轴以 100 r/min 正转
N14 G90 G54 G00 X0 Y0	用 G54 指令建立工件坐标系,刀具快速移到下刀点
N16 G43 H07 Z100	加入刀具长度补偿,刀位点距工件上表面 100 mm
N18 G99 G84 X25.45 Y25.45 Z−18 R10 P2 F1.5	固定循环对圆周均布的 4 个螺纹孔攻丝
N20 X−25.45 Y25.45	
N22 X−25.45 Y−25.45	
N24 X25.45 Y−25.45	
N26 G80	取消固定循环
N28 G00 Z150	抬刀至工件上表面 150 mm
N30 M05	主轴停转
N32 M30	程序结束并返回

第 4 步 具体操作步骤如下。

① 加工准备:开机,机床回参考点;输入程序并检查该程序;安装夹具,夹紧工件;准备刀具。

② 对刀设定工作坐标系:X、Y 向对刀;Z 向对刀。

③ 输入刀具补偿值:刀具长度补偿,根据 Z 向对刀时测得的刀具长度补偿数值,输入到对应的刀具长度偏置表中(此项目中采用的刀具较多,要注意刀具长度补偿值与所用刀具正确对应);刀具半径补偿,仅在铣削沉头孔时采用 $D_{07} = 8.2$ mm,精加工时 $D_{07} = 8$ mm 或根据公差要求确定。

④ 程序调试:把工件坐标系的 Z 值朝正方向平移 50 mm,方法是在工件坐标系参数 G54 中输入 50 mm,按下启动键,适当降低进给速度,检查刀具运动是否正确。

⑤ 工件加工:把工件坐标系的 Z 值恢复原值,将进给速度打到低档,关闭机床门,按下启动键;密切观察刀具及工件的运动状况,待机床加工时适当调整主轴转速和进给速度,保证加工正常。

⑥ 工件测量:程序执行完毕后,返回到设定高度,机床自动停止;工件测量前,先将工件吹净、擦干。

⑦ 结束加工:松开夹具,卸下工件,清理机床。

注意事项 本例中采用的刀具数量较多,加工时注意刀长补正与所用刀具的一致,否则极易出现安全事故或加工出废品。

任务 5-3 相关知识

怎样调整镗刀尺寸俗称对刀。以下介绍两种对刀法。

1. 试切法对刀

试切法对刀是应用最多的一种对刀方法，它是在手动方式下进行的，其长度方向的测定与其他铣刀一致。镗刀半径方向的调整主要分以下几步进行。

（1）找正

编程前首先要根据图纸要求确定孔的位置，如果以孔的轴线为编程原点，则需要事先找正，即找出孔的轴线在机床坐标系中的坐标。找出孔的轴线在机床坐标系中的坐标，通常可利用百分表测定。如果毛坯表面较粗糙，可用铁丝代替百分表进行粗找正。

由于百分表的量程较小，一般用于位置精度要求较高的孔，而且事先要进行粗找正，使轴线偏移精度在百分表的量程之内。一般测量直径小于 $\phi 40$ mm 的孔，可用钻夹头刀柄直接夹持百分表，如图 5-6（a）所示；若测量直径大于 $\phi 40$ mm 的孔，可用磁力表座直接吸附在主轴上，如图 5-6（b）所示。

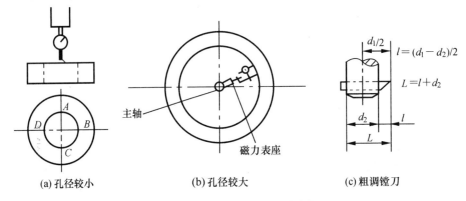

图 5-6 利用百分表测量孔轴线位置

如图 5-6（a）所示，调整百分表的触头，使其与 A、C 两点接触，用手拨动主轴，观察表盘上的偏移量 ΔX，然后在手轮方式下调整主轴 Y 方向的位置，使其向度数偏小的一方移动 $\Delta X/2$。反复调整直到 A、C 两点在表盘上的度数相同为止。同上所述测量 B、D 两点，调整主轴在 X 方向的坐标。用手拨动主轴使主轴旋转一周，百分表指针所在位置相同，此时主轴所在位置为孔轴线位置。

（2）试切调整

如图 5-6（c）所示，对镗刀进行粗调整。松开锁紧螺钉，调整螺钉并用游标卡尺进行测量。图中 l 为刀头伸出长度，d_1 为预制孔直径，d_2 为镗刀杆直径，L 为游标卡尺测量长度。L 应比所需尺寸小 $0.5 \sim 0.3$ mm。

测量时用自动方式使主轴到达孔轴线位置，在孔口处试切 $1 \sim 2$ mm，检验孔的轴线位置是否正确，如果已经切到孔的表面则进行测量；根据测量尺寸调整螺钉，仍在孔口处试切 $1 \sim 2$ mm 并测量，直到达到要求为止。

试切法调整镗刀一定要遵循"少进多试"的原则，如果镗刀尺寸偏大则会出现废品。粗镗刀调整精度可在 ± 0.05 mm 内，精镗刀一定要调整到精度要求范围内。

2. 对刀仪对刀

对刀仪对刀是将刀具置于对刀仪的定位孔中，直接测量出伸出长度和刀具半径。使用前，为了校验对刀仪的位置精度，应当用标准基准刀杆进行校准（校准和标定 Z 轴和 X 轴的尺寸）。标准基准刀杆是每台对刀仪的随机附件，平时要妥善保护，使其不锈蚀且避免受外力的作用。值得注意的是，静态测量的刀具尺寸与实际加工出的尺寸之间会有一个差值。这是因为有对刀仪本身精度要求及操作者使用对刀仪的熟练程度及刀具和机床的精度与刚度、加工工件的材料和状况、冷却状况和冷却介质的性质等诸多因素的影响，往往还需要在加工过程中通过试切削进行调整。因此，对刀时要考虑一个修正量，这要根据操作者的经验来预选，一般要偏大 0.01～0.05 mm。

任务 5-4　配合件一

◎ 任务 5-4　任务描述

完成如图 5-7 所示零件的加工，需要加工三层轮廓凸台和中间阶梯孔。已知零件材料为 45 钢。

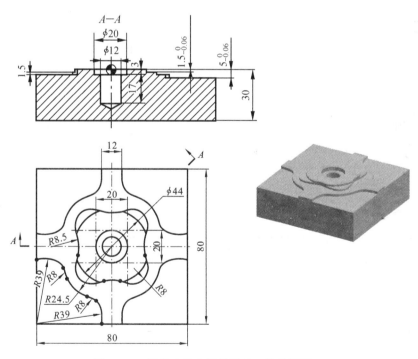

图 5-7　三层轮廓凸台零件图及三维效果图

任务 5-4　工作过程

第 1 步　分析零件图 5-7，确定加工工艺。根据零件的工艺特点和毛坯尺寸确定的加工工艺路线如表 5-13 所示。

表 5-13　加工工艺路线

1. 加工 $\phi44$ 的圆台 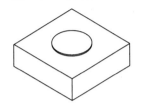	① 采用平口虎钳装夹工件：借用平垫块调整工件高度； ② 粗铣 $\phi44$ 的圆台：使用 $\phi16$ 立铣刀，粗铣 $\phi44$ 的圆台至 1.5 mm 高度
2. 加工外轮廓凸台 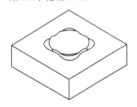	粗铣外轮廓凸台：使用 $\phi16$ 立铣刀，粗铣外轮廓凸台至 3 mm 高度
3. 加工 4 个角的轮廓槽 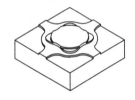	① 粗铣轮廓槽：使用 $\phi10$ 立铣刀，粗铣外轮廓凸台至 3 mm 高度； ② 精铣所有轮廓：使用 $\phi8$ 立铣刀，将所有外轮廓精铣至公差要求
4. 加工中间沉头孔 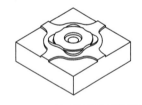	① 钻、铰中间孔：使用定位→钻孔→铰孔的工序过程，加工中间孔； ② 铣沉头槽：使用 $\phi8$ 立铣刀，铣 $\phi20$ 的沉头槽

第 2 步　根据零件的工艺特点确定刀具及其切削用量，结果见表 5-14；确定可能用到的其他工具，结果见表 5-15。

表 5-14　所用刀具及其切削用量

刀具号	刀 具 规 格	工 序 内 容	进给量 $f/$（mm/min）	背吃刀量 $a_p/$mm	主轴转速 $n/$（r/min）
T01	直径 $\phi16$ 立铣刀	粗铣凸台轮廓	200	1.5	600
T02	直径 $\phi10$ 立铣刀	粗铣凹槽轮廓	150	1	660
T03	直径 $\phi8$ 立铣刀	精铣各轮廓	120	0.2	800
T04	中心钻 $\phi6$	钻中心孔	80		1000
T05	$\phi11.7$ 麻花钻	钻孔	60		500
T06	$\phi12H8$ 铰刀	铰 $\phi12H8$ 孔	60		200

表 5-15 需要用到的其他工具

工、量、刃具清单				图 号	5-7
序 号	名 称	规 格	精 度	单 位	数 量
1	Z 轴设定器	50	0.01	个	1
2	游标卡尺	1～150	0.02	把	1
3	深度游标卡尺	0～200	0.02	把	1
4	百分表及表座	0～0.8	0.01	套	1
5	中心钻	$\phi 6$		把	1
6	麻花钻	$\phi 11.7$		把	1
7	铰刀	$\phi 12H8$		把	1
8	立铣刀	$\phi 16$		把	1
9	立铣刀	$\phi 10$		把	1
10	立铣刀	$\phi 8$		把	1
11	平行垫铁			副	若干
12	铜棒			个	1
13	固定扳手			把	若干
14	防护眼镜			副	1

第 3 步 根据零件图以及前两步所确定的工艺路线和用具编写加工程序。参考程序如表 5-16 所示。

表 5-16 参考程序

1. 铣 $\phi 44$ 圆台程序	
％0001	
N10 G40 G49 G80	注销刀具半径补偿和固定循环功能
N12 M03 S600	主轴以 600 r/min 正转
N14 G90 G54 G00 X60 Y0	用 G54 指令建立工件坐标系，刀具快速移到下刀点
N16 G43 H01 Z100	加入刀具长度补偿，刀位点距工件上表面 100 mm
N18 Z5	刀位点距工件上表面 5 mm
N20 G01 Z−1.5 F100	直线插补下刀 1.5 mm
N22 G41 D01 X22 F200	建立刀具半径左补偿
N24 G02 I−22	逆时针铣削整圆
N26 G40 G01 X60 Y0	取消刀具半径补偿
N34 G00 Z150	抬刀至工件上表面 150 mm
N36 M05	主轴停转
N38 M30	程序结束并返回
2. 粗铣外轮廓凸台程序	
％0002	
N10 G40 G49 G80	注销刀具半径补偿和固定循环功能
N12 M03 S600	主轴以 600 r/min 正转
N14 G90 G54 G00 X60 Y0	用 G54 指令建立工件坐标系，刀具快速移到起刀点上方
N16 G43 H01 Z100	加入刀具长度补偿，刀位点距工件上表面 100 mm
N18 Z5	刀位点距工件上表面 5 mm

续表

N20 G01 Z－3 F80	慢速直线插补下刀 3 mm
N22 G41 D01 X20 Y0 F100	建立刀具左补偿（精加工时用 D02）
N24 G03 X20.376 Y－2.498 R8.5	圆弧进刀
N26 G02 X22.142 Y－14.114 R40	轮廓凸台铣削
N28 G03 X14.114 Y－22.142 R8	
N30 G02 X2.498 Y－20.376 R40	
N32 G03 X－2.498 R8.5	
N34 G02 X－14.114 Y－22.142 R40	
N36 G03 X－22.142 Y－14.114 R8	
N38 G02 X－20.376 Y－2.498 R40	
N40 G03 Y2.498 R8.5	
N42 G02 X－22.142 Y14.114 R40	
N44 G03 X－14.114 Y22.142 R8	
N46 G02 X－2.498 Y20.376 R40	
N48 G03 X2.498 R8.5	
N50 G02 X14.114 Y22.142 R40	
N52 G03 X22.142 Y14.114 R8	
N54 G02 X20.376 Y2.498 R40	
N56 G03 X20 Y0 R8.5	
N58 G40 G01 X60 Y0	取消刀补
N60 G00 Z150	抬刀至工件上表面 150 mm
N62 M05	主轴停转
N64 M30	程序结束并返回

3. 铣轮廓槽主程序

％0003	
N10 G40 G49 G80	注销刀具半径补偿和固定循环功能
N12 M03 S600	主轴以 600 r/min 正转
N14 G90 G54 G00 X－33 Y0	用 G54 指令建立工件坐标系，刀具快速移到下刀点
N16 G43 H02 Z100	加入刀具长度补偿，刀位点距工件上表面 100 mm
N18 M98 P4003	调用子程序加工左上角凹槽轮廓
N20 G68 X0 Y0 P90	坐标系旋转 90°
N22 M98 P4003	调用子程序加工左下角凹槽轮廓
N24 G68 X0 Y0 P180	坐标系旋转 180°
N26 M98 P4003	调用子程序加工右下角凹槽轮廓
N28 G68 X0 Y0 P270	坐标系旋转 270°
N30 M98 P4003	调用子程序加工右上角凹槽轮廓
N32 G69	取消坐标系旋转
N34 G00 Z150	抬刀至工件上表面 150 mm
N36 M05	主轴停转
N38 M30	程序结束并返回

续表

4. 铣轮廓槽子程序

‰4003	
N10 G00 X−60 Y60	快速定位到下刀点上方
N12 Z5	刀位点距工件上表面 5 mm
N14 G01 Z−5 F80	慢速直线插补下刀 5 mm
N16 G41 D02 Y6 F100	建立刀具左补偿（精加工时用 D03）
N18 G01 X−45	
N20 G03 X−35.227 Y7.244 R39	
N22 G03 X−29.544 Y12.776 R8	
N24 G02 X−12.776 Y29.544 R24.5	轮廓槽铣削
N26 G03 X−7.244 Y35.227 R8	
N28 G03 X−6 Y45 R39	
N30 G01 Y60	
N32 G40 G01 X−60 Y60	取消刀补
N34 G00 Z5	抬刀至工件上表面 5 mm
N36 G69	取消坐标系旋转
N38 M98	子程序结束

5. 中心钻定位程序

‰0004	
N10 G40 G49 G80	注销刀具半径补偿和固定循环功能
N12 M03 S1000	主轴以 400 r/min 正转
N14 G90 G54 G00 X0 Y0	用 G54 指令建立工件坐标系，刀具快速移到下刀点
N16 G43 H04 Z100	加入刀具长度补偿，刀位点距工件上表面 100 mm
N18 Z5	刀位点距工件上表面 5 mm
N20 G81 X0 Y0 Z−0.5 R5 F80	钻孔循环点孔
N22 G80	取消固定循环
N24 G00 Z150	抬刀至工件上表面 150 mm
N26 M05	主轴停转
N28 M30	程序结束并返回

6. 中心钻定位程序

‰0005	
N10 G40 G49 G80	注销刀具半径补偿和固定循环功能
N12 M03 S500	主轴以 500 r/min 正转
N14 G90 G54 G00 X0 Y0	用 G54 指令建立工件坐标系，刀具快速移到下刀点
N16 G43 H05 Z100	加入刀具长度补偿，刀位点距工件上表面 100 mm
N20 G83 X0 Y0 Z−20 Q2 R5 F80	钻孔循环钻孔
N22 G80	取消固定循环
N24 G00 Z150	抬刀至工件上表面 150 mm
N26 M05	主轴停转
N28 M30	程序结束并返回

7. 铰 2×φ12 孔程序	
‰0006	
N10 G40 G49 G80	注销刀具半径补偿和固定循环功能
N12 M03 S200	主轴以 200 r/min 正转
N14 G90 G54 G00 X0 Y0	用 G54 指令建立工件坐标系，刀具快速移到下刀点
N16 G43 H06 Z100	加入刀具长度补偿，刀位点距工件上表面 100 mm
N20 G81 X0 Y0 Z−20 R5 F40	钻孔循环铰孔
N24 G80	取消极坐标，取消固定循环
N26 G00 Z150	抬刀至工件上表面 150 mm
N28 M05	主轴停转
N30 M30	程序结束并返回
8. 铣 φ20 沉头孔程序	
‰0006	
N10 G40 G49 G80	注销刀具半径补偿和固定循环功能
N12 M03 S600	主轴以 600 r/min 正转
N14 G90 G54 G00 X0 Y0	用 G54 指令建立工件坐标系，刀具快速移到下刀点
N16 G43 H03 Z100	加入刀具长度补偿，刀位点距工件上表面 100 mm
N18 Z5	刀位点距工件上表面 5 mm
N20 G01 Z−3 F100	直线插补下刀 2 mm
N22 G41 D03 Y10 F200	建立刀具半径左补偿
N24 G03 J−10	逆时针铣削整圆
N26 G40 G01 X0 Y0	取消刀具半径补偿
N34 G00 Z150	抬刀至工件上表面 150 mm
N36 M05	主轴停转
N38 M30	程序结束并返回

第 4 步 具体操作步骤如下。

① 加工准备：开机，机床回参考点；输入程序并检查该程序；安装夹具，夹紧工件；准备刀具。

② 对刀设定工件坐标系：X、Y 向对刀；Z 向对刀。

③ 输入刀具补偿值：刀具长度补偿，根据 Z 向对刀时测得的刀具长度补偿数值，输入到对应的刀具长度偏置表中（此项目中采用的刀具较多，要注意刀具长度补偿值与所用刀具正确对应）；刀具半径补偿，仅在铣削沉头孔时采用 $D_{07}=8.2$ mm，精加工时 $D_{07}=8$ mm 或根据公差要求确定。

④ 程序调试：把工件坐标系的 Z 值朝正方向平移 50 mm，方法是在工件坐标系参数 G54 中输入 50 mm，按下启动键，适当降低进给速度，检查刀具运动是否正确。

⑤ 工件加工：把工件坐标系的 Z 值恢复原值，将进给速度打到低档，关闭机床门，按下启动键；密切观察刀具及工件的运动状况，待机床加工时适当调整主轴转速和进给速度，保证加工正常。

⑥ 工件测量：程序执行完毕后，返回到设定高度，机床自动停止；工件测量前，先将工件吹净、擦干。

⑦ 结束加工：松开夹具，卸下工件，清理机床。

　　注意事项　为安全起见，注意子程序的开头要有定位程序段，而子程序的末尾要有抬刀程序段。

任务 5-5　配合件二

任务 5-5　任务描述

　　完成如图 5-8 所示零件的加工，需要加工四个凸台和中间带岛屿的轮廓凹槽。已知零件材料为 45 钢。

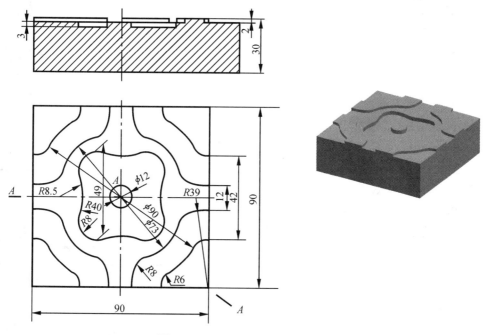

图 5-8　凸台零件图及三维效果图

任务 5-5　工作过程

　　第 1 步　分析图 5-8 所示零件，确定加工工艺。根据零件的工艺特点和毛坯尺寸确定的加工工艺路线如表 5-17 所示。

表 5-17　加工工艺路线

1. 加工 4 个轮廓的凸台	
	① 采用平口虎钳装夹工件：借用平垫块调整工件高度； ② 粗铣 4 个轮廓的凸台：使用 $\phi 10$ 立铣刀，粗铣 4 个轮廓的凸台至 2 mm 高度

续表

2. 加工内型腔轮廓 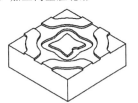	粗铣外轮廓凸台：使用 $\phi8$ 键槽铣刀，粗铣内型腔轮廓至 3 mm高度
3. 加工内型腔中的圆台岛屿 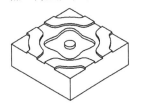	① 粗铣轮廓槽：使用 $\phi8$ 键槽铣刀，粗铣岛屿轮廓； ② 精铣所有轮廓：使用 $\phi8$ 立铣刀，将所有外轮廓精铣至公差要求

　　第 2 步　根据零件的工艺特点确定刀具及其切削用量，结果如表 5-18 所示；确定可能用到的其他工具，结果如表 5-19 所示。

表 5-18　所用刀具及其切削用量

刀具号	刀 具 规 格	工 序 内 容	进给量 $f/$（mm/min）	背吃刀量 $a_p/$mm	主轴转速 $n/$（r/min）
T01	直径 $\phi10$ 立铣刀	粗铣凸台轮廓	150	1	600
T02	直径 $\phi8$ 键槽铣刀	粗铣凹槽轮廓	120	1	800
T03	直径 $\phi8$ 立铣刀	精铣各轮廓	100	0.2	800

表 5-19　需要用到的其他工具

工、量、刃具清单				图 号	5-8
序 号	名 称	规 格	精 度	单 位	数 量
1	Z轴设定器	50	0.01	个	1
2	游标卡尺	1～150	0.02	把	1
3	深度游标卡尺	0～200	0.02	把	1
4	百分表及表座	0～0.8	0.01	套	1
5	中心钻	$\phi6$		把	1
6	麻花钻	$\phi11.7$		把	1
7	铰刀	$\phi12$H8		把	1
8	立铣刀	$\phi10$		把	1
9	键槽铣刀	$\phi8$		把	1
10	立铣刀	$\phi8$		把	1
11	平行垫铁			副	若干
12	铜棒			个	1
13	固定扳手			把	若干
14	防护眼镜			副	1

第 3 步 根据零件图以及前两步所确定的工艺路线和用具编写加工程序。参考程序如表 5-20 所示。

表 5-20 参考程序

1. 铣轮廓槽主程序

%0001	
N10 G40 G49 G80	注销刀具半径补偿和固定循环功能
N12 M03 S600	主轴以 600 r/min 正转
N14 G90 G54 G00 X-60 Y60	用 G54 指令建立工件坐标系,刀具快速移到下刀点
N16 G43 H01 Z100	加入刀具长度补偿,刀位点距工件上表面 100 mm
N18 M98 P4001	调用子程序加工左上角凸台轮廓
N20 G68 X0 Y0 P90	坐标系旋转 90°
N22 M98 P4001	调用子程序加工左下角凸台轮廓
N24 G68 X0 Y0 P180	坐标系旋转 180°
N26 M98 P4001	调用子程序加工右下角凸台轮廓
N28 G68 X0 Y0 P270	坐标系旋转 270°
N30 M98 P4001	调用子程序加工右上角凸台轮廓
N32 G69	取消坐标系旋转
N34 G00 Z150	抬刀至工件上表面 150 mm
N36 M05	主轴停转
N38 M30	程序结束并返回

2. 铣轮廓槽子程序

%4001	
N10 G00 X-60 Y60	快速定位到下刀点上方
N12 Z5	刀位点距工件上表面 5 mm
N14 G01 Z-2 F80	慢速直线插补下刀 2 mm
N16 G41 D01 Y21 F100	建立刀具左补偿
N18 G01 X-42.949	
N20 G03 X-32.733 Y24.035 R6	
N22 G02 X-24.035 Y32.733 R36.5	
N24 G03 X-21 Y42.949 R6	
N26 G01 Y45	
N28 G02 X-6 Y45 R7.5	
N30 G02 X-7.244 Y35.227 R39	轮廓凸台铣削
N32 G02 X-12.776 Y29.544 R8	
N34 G03 X-29.544 Y12.776 R24.5	
N36 G02 X-35.227 Y7.244 R8	
N38 G02 X-45 Y6 R39	
N40 G01 Y-60	
N42 G40 G01 X-60 Y60	取消刀补
N44 G00 Z5	抬刀至工件上表面 5 mm
N46 G69	取消坐标系旋转
N48 M98	子程序结束

3. 粗铣型腔轮廓程序

%0002	
N10 G40 G49 G80	注销刀具半径补偿和固定循环功能
N12 M03 S600	主轴以 600 r/min 正转
N14 G90 G54 G00 X13 Y0	用 G54 指令建立工件坐标系，刀具快速移到起刀点上方
N16 G43 H01 Z100	加入刀具长度补偿，刀位点距工件上表面 100 mm
N18 Z5	刀位点距工件上表面 5 mm
N20 G01 Z−3 F80	慢速直线插补下刀 3 mm
N22 G41 D02 X20 Y0 F120	建立刀具左补偿（精加工时用 D03）
N24 G02 X20.376 Y2.498 R8.5	圆弧进刀
N26 G03 X22.142 Y14.114 R40	
N28 G02 X14.114 Y22.142 R8	
N30 G03 X2.498 Y20.376 R40	
N32 G02 X−2.498 R8.5	
N34 G03 X−14.114 Y22.142 R40	
N36 G02 X−22.142 Y14.114 R8	
N38 G03 X−20.376 Y2.498 R40	
N40 G02 Y−2.498 R8.5	型腔轮廓铣削
N42 G03 X−22.142 Y−14.114 R40	
N44 G02 X−14.114 Y−22.142 R8	
N46 G03 X−2.498 Y−20.376 R40	
N48 G02 X2.498 R8.5	
N50 G03 X14.114 Y−22.142 R40	
N52 G02 X22.142 Y−14.114 R8	
N54 G03 X20.376 Y−2.498 R40	
N56 G02 X20 Y0 R8.5	
N58 G40 G01 X13 Y0	取消刀补
N60 G00 Z150	抬刀至工件上表面 150 mm
N62 M05	主轴停转
N64 M30	程序结束并返回

4. 粗铣型腔岛屿程序

%0003	
N10 G40 G49 G80	注销刀具半径补偿和固定循环功能
N12 M03 S600	主轴以 600 r/min 正转
N14 G90 G54 G00 X13 Y0	用 G54 指令建立工件坐标系，刀具快速移到下刀点
N16 G43 H02 Z100	加入刀具长度补偿，刀位点距工件上表面 100 mm
N18 Z5	刀位点距工件上表面 5 mm
N20 G01 Z−3 F100	直线插补下刀 3 mm
N22 G41 D02 X5.9 F200	建立刀具半径左补偿
N24 G02 X−5.9	顺时针铣削整圆凸台
N26 G40 G01 X13 Y0	取消刀具半径补偿
N34 G00 Z150	抬刀至工件上表面 150 mm
N36 M05	主轴停转
N38 M30	程序结束并返回

第4步　具体操作步骤如下。

① 加工准备：开机，机床回参考点；输入程序并检查该程序；安装夹具，夹紧工件；准备刀具。

② 对刀设定工件坐标系：X、Y 向对刀；Z 向对刀。

③ 输入刀具补偿值：刀具长度补偿，根据 Z 向对刀时测得的刀具长度补偿数值，输入到对应的刀具长度偏置表中（此项目中采用的刀具较多，要注意刀具长度补偿值与所用刀具正确对应）；刀具半径补偿，仅在铣削沉头孔时采用 $D_{07} = 8.2$ mm，精加工时 $D_{07} = 8$ mm 或根据公差要求确定。

④ 程序调试：把工件坐标系的 Z 值朝正方向平移 50 mm，方法是在工件坐标系参数 G54 中输入 50 mm，按下启动键，适当降低进给速度，检查刀具运动是否正确。

⑤ 工件加工：把工件坐标系的 Z 值恢复原值，将进给速度打到低档，关闭机床门，按下启动键；密切观察刀具及工件的运动状况，待机床加工时适当调整主轴转速和进给速度，保证加工正常。

⑥ 工件测量：程序执行完毕后，返回到设定高度，机床自动停止；工件测量前，先将工件吹净、擦干。

⑦ 结束加工：松开夹具，卸下工件，清理机床。

注意事项　为保证与配合件一的装配符合要求，加工中的在线检测的正确性及精加工刀具半径补偿值的选择极其重要。

任务 5-5　思考与交流

① 根据图 5-9 所示的实际操作图样和表 5-21 所示的评分标准加工零件。

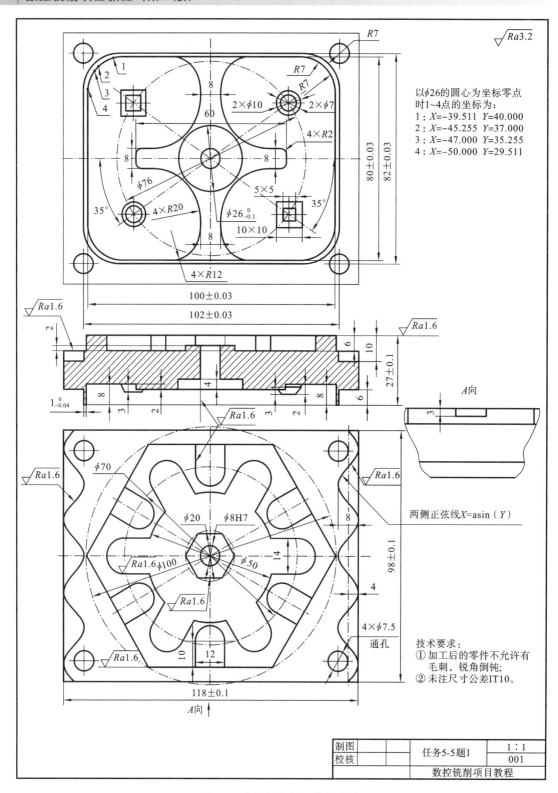

图 5-9　实际操作题 1 的零件图

表 5-21 实际操作题 1 的评分标准

机床编号			工件编号		总得分		
单位					姓名		
序号	考核项目	考核内容	评分标准	配分	检测结果	扣分	得分
1	工件外形	118 ± 0.1	超差 0.04 扣 2 分	2			
2		98 ± 0.1	超差 0.04 扣 2 分	2			
3		27 ± 0.1	超差 0.04 扣 1 分	1			
4	工件上表面高度	高度 6 及表面完整	超差 0.08 扣 1 分	1			
5		高度 2 及表面完整	超差 0.08 扣 1 分	1			
6	工件上表面深度	深度 10 及表面完整	超差 0.08 扣 1 分	1			
7		深度 3 及表面完整	超差 0.08 扣 1 分	1			
8		深度 6 及表面完整	超差 0.08 扣 1 分	1			
9	六边形轮廓	$\phi 100$(对边长 86.603)	每处超过 ± 0.03 扣 2 分	6			
10		$\phi 20$(对边长 17.321)	每处超过 ± 0.03 扣 1 分	3			
11	U 型槽	12(6 处)	每处超差 0.08 扣 0.5 分	3			
12	工件上表面内轮廓	14(6 处)	每处超差 0.08 扣 1 分	6			
13		$\phi 50$	超差 0.08 扣 2 分	2			
14	正弦线	4	样板规检测不符不得分	6			
15	孔	$\phi 8 H7$	超差 0.02 扣 2 分	2			
16	工件下表面高度	高度 6 及表面完整	超差 0.08 扣 1 分	1			
17		高度 3 及表面完整	超差 0.08 扣 1 分	1			
18		高度 2(2 处)及表面完整	每处超差 0.08 扣 0.5 分	1			
19	工件下表面深度	深度 4 及表面完整	超差 0.08 扣 1 分	1			
20		深度 8 及表面完整	超差 0.08 扣 1 分	1			
21	工件下表面 B 型凹槽	8(4 处)	每处超差 0.08 扣 1 分	4			
22		60	超差 0.08 扣 2 分	2			
23	中心沉孔	$\phi 26_{-0.1}^{0}$	超差 0.1 扣 1 分	2			
24	薄壁轮廓	100 ± 0.03	每处超差 0.02 扣 1 分	2			
25		80 ± 0.03	每处超差 0.02 扣 1 分	2			
26		壁厚 $1_{-0.04}^{0}$	每处超差 0.02 扣 1 分	4			
27	孔	$4 \times \phi 7.5$	每孔扣 0.5 分	2			
28		102 ± 0.03	每处超差 0.02 扣 1 分	1			
29		82 ± 0.03	每处超差 0.02 扣 1 分	1			

续表

序号	考核项目	考核内容	评分标准	配分	检测结果	扣分	得分
30	圆锥台（2处）		表面质量1分,外形3分	4			
31	四方锥台（2处）		表面质量1分,外形3分	4			
32	表面质量	表面粗糙度	每处超差扣1分,扣完为止	10			
33	轮廓连接	轮廓光滑过渡	每不光滑连接扣1分	10			
34	技术要求	零件无毛刺,锐角倒钝	每不符处扣1分,扣完为止	4			
35	安全文明生产	① 着装规范,未受伤; ② 刀具、工具、量具的放置规范; ③ 工件装夹、刀具安装规范; ④ 正确使用量具; ⑤ 卫生、设备保养; ⑥ 关机后机床停放位置不合理; ⑦ 发生重大安全事故、严重违反操作规程者,取消考试资格	每违反一条酌情扣0.5分,扣完为止	2			
36	规范操作	① 机前的检查和开机顺序正确; ② 机床参考点; ③ 正确对刀,建立工件坐标系; ④ 正确设置参数; ⑤ 正确仿真校验	每违反一条酌情扣0.5分,扣完为止	1			
37	工艺合理	工艺不合理视情况酌情扣分。 ① 工件定位和夹紧不合理; ② 加工顺序不合理; ③ 刀具选择不合理; ④ 关键工序错误	每违反一条酌情扣0.5分,扣完为止	1			
38	程序编制	① 指令正确,程序完整; ② 熟练运用刀具补偿功能; ③ 数值计算正确、程序输入迅速,熟练运用简化编程指令	每违反一条酌情扣0.5分,扣完为止	1			

检测员		记录员		评分员	

② 根据图 5-10 及图 5-11 所示的图样和表 5-22 所示的评分标准加工零件。

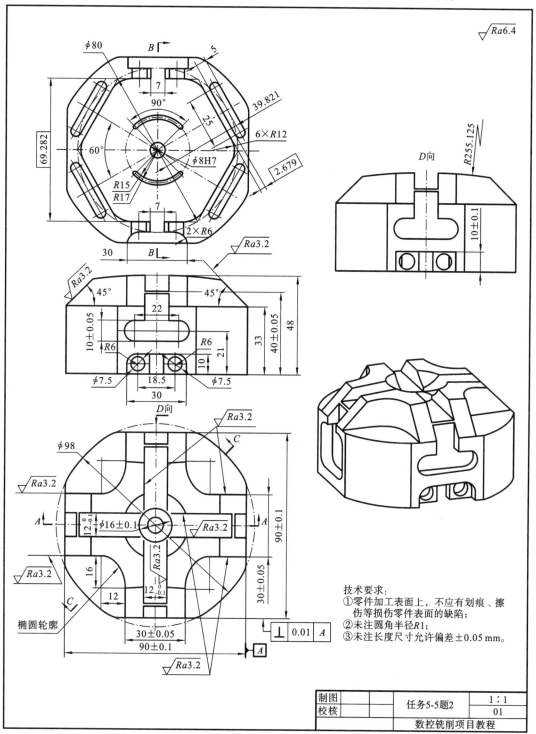

技术要求:
①零件加工表面上,不应有划痕、擦伤等损伤零件表面的缺陷;
②未注圆角半径R1;
③未注长度尺寸允许偏差±0.05 mm。

制图			任务5-5题2	1∶1
校核				01
			数控铣削项目教程	

图 5-10 实际操作题 2 的零件图(a)

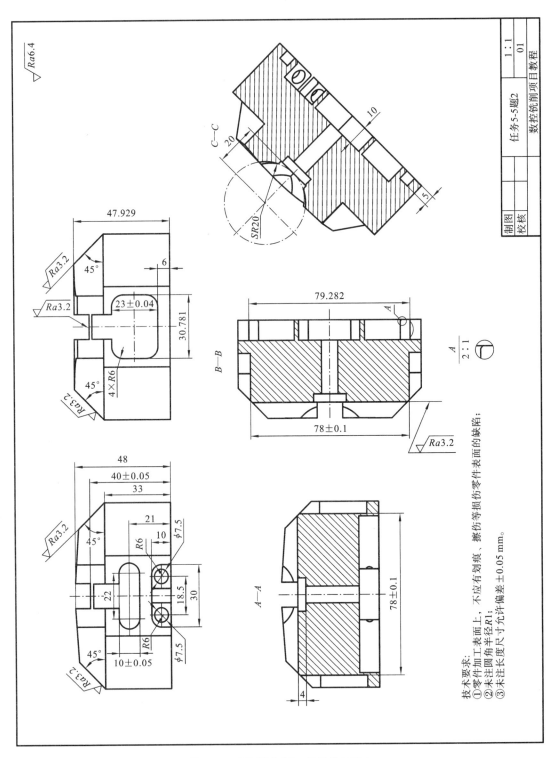

图 5-11　实际操作题 2 的零件图（b）

表 5-22 实际操作题 2 的评分标准

机床编号			工件编号			总得分					
单位						姓名					
序号	考核项目	考核内容	评分标准	配分	检测结果	扣分	得分	备注
1	外形	90±0.1(2 处)	超差扣 1 分	2				
2		47.929	超差±0.04 扣 2 分	2				
3	六边形轮廓	ϕ80(对边长 69.282)	超差±0.04 扣 1 分	3				
4		R12	不光滑处每处扣 0.5 分	3				
5		10(深度)	超差±0.05 扣 1 分	1				
6	键槽 (4 个)	25	超差±0.05 扣 1 分	4				
7		5	超差±0.05 扣 1 分	4				
8		5(深度)	超差±0.05 扣 0.5 分	2				
9		60°	超差±1°扣 2 分	2				
10		39.821(检测 2.679)	超差±0.05 扣 0.5 分	2				
11	中间岛屿 (2 个)	R15	超差±0.05 扣 1 分	2				
12		R17	超差±0.05 扣 1 分	2				
13		厚度均匀(厚 2 mm)	超差±0.05 扣 1 分	2				
14		10(深度)	超差±0.05 扣 0.5 分	1				
15	轮廓	30(2 处)	超差±0.05 扣 1 分	2				
16		79.828	超差±0.05 扣 1 分	2				
17		R6(4 处)	不光滑处每处扣 0.5 分	2				
18		10±0.1	超差扣 1 分	1				
19		10	超差±0.05 扣 1 分	1				
20		7(2 处)	超差±0.05 扣 1 分	2				
21	孔	ϕ7.5(4 处)	超差±0.1 扣 0.5 分	2				
22		18.5	超差±0.05 扣 1 分	2				
23		ϕ8H7	用塞规测量合格得分	3				
24	侧轮廓 1 (两处)	23±0.04	超差扣 1 分	2				
25		30.781	超差±0.05 扣 0.5 分	1				
26		6	超差±0.05 扣 0.5 分	1				
27		$12_{-0.1}^{0}$	超差扣 0.5 分	1				
28		78±0.1	超差±0.05 扣 1 分	2				
29		R6	不光滑处每处扣 0.5 分	2				
30	侧轮廓 2 (两处)	10±0.05	超差扣 1 分	2				
31		22	超差±0.05 扣 0.5 分	1				
32		$12_{-0.1}^{0}$	超差扣 0.5 分	1				
33		21	超差±0.05 扣 0.5 分	1				
34		78±0.1	超差扣 1 分	2				

序号	考核项目	考核内容	评分标准	配分	检测结果	扣分	得分	备注
35	椭圆轮廓	椭圆(16×12)	用样板测量合格得分	2				
36	（4处）	30±0.05	超差扣1分	4				
37		33	超差±0.05扣1分	1				
38	45°斜面	45°	超差±1°扣1分	4				
39	十字槽	$12_{-0.1}^{0}$	超差扣1分	2				
40		40±0.05	超差扣1分	2				
41	圆槽	$\phi16±0.1$	超差扣1分	2				
42		4	超差±0.05扣1分	1				
43	球面	SR20	用样板测量合格得分	3				
44	表面质量	表面粗糙度	每处超差扣1分，扣完为止	5				
45	轮廓连接	轮廓光滑过渡	每个不光滑连接处扣1分	3				
46	技术要求		每个不符处扣1分，扣完为止	6				
47	安全文明生产	① 着装规范,未受伤； ② 刀具、工具、量具的放置规范； ③ 工件装夹、刀具安装规范； ④ 正确使用量具； ⑤ 关机后机床停放位置不合理	每违反一条酌情扣0.5分,扣完为止	3				
48	规范操作	① 机前的检查和开机顺序正确； ② 正确对刀,建立工件坐标系； ③ 正确设置参数	每违反一条酌情扣0.5分,扣完为止	2				
49	工艺合理	工艺不合理视情况酌情扣分。 ① 工件定位和夹紧不合理； ② 加工顺序不合理； ③ 刀具选择不合理； ④ 关键工序错误	每违反一条酌情扣0.5分,扣完为止	2				
检测员			记录员			评分员		

③ 根据图 5-12、图 5-13 所示的图样和表 5-23 所示的评分标准加工零件。

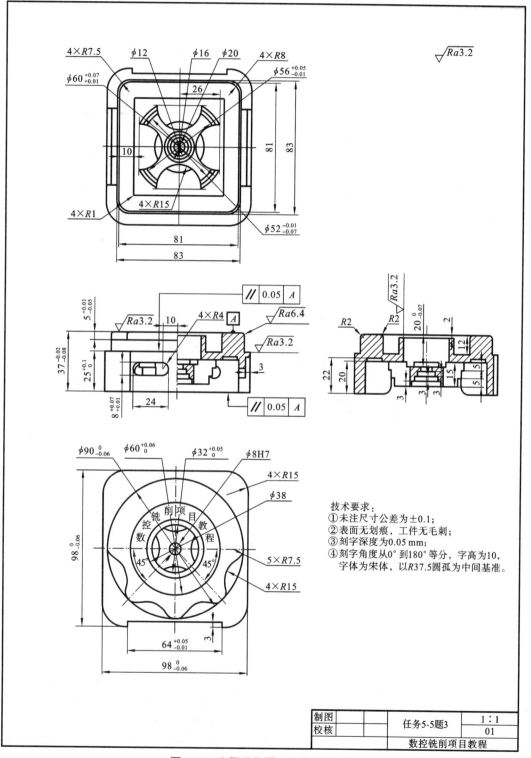

图 5-12 实际操作题 3 的零件图(a)

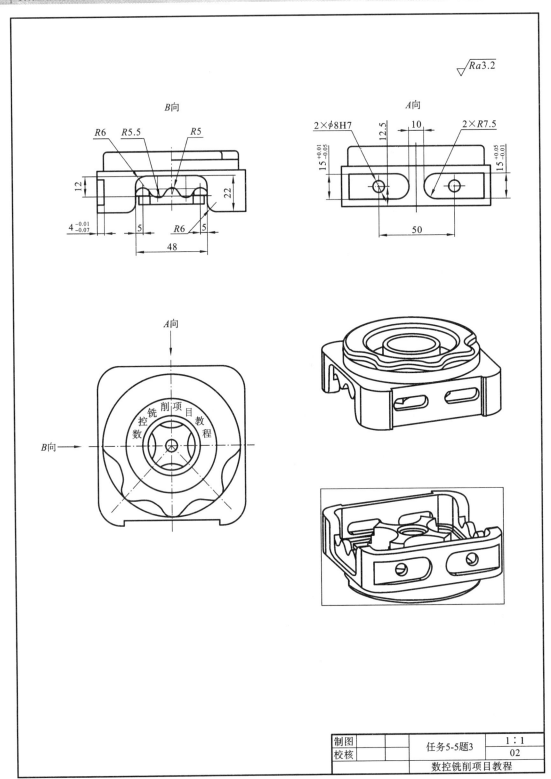

图 5-13　实际操作题 3 的零件图（b）

表 5-23　实际操作题 3 的评分标准

机床编号			工件编号			总得分		
单位						姓名		

序号	考核项目		考核内容及要求	配分	评分标准	检测结果	扣分	得分
	一、图号			90				
1	主要尺寸(44分)	直径尺寸(18分)	$\phi 90_{-0.06}^{0}$	2	超差 0.01,扣 0.5 分,扣完为止			
2			$\phi 60_{0}^{+0.06}$	2	超差 0.01,扣 0.5 分,扣完为止			
3			$\phi 32_{0}^{+0.05}$	2	超差 0.01,扣 0.5 分,扣完为止			
4			$\phi 60_{+0.01}^{+0.07}$	2	超差 0.01,扣 0.5 分,扣完为止			
5			$\phi 56_{-0.01}^{+0.05}$	2	超差 0.01,扣 0.5 分,扣完为止			
6			$\phi 52_{-0.07}^{-0.01}$	2	超差 0.01,扣 0.5 分,扣完为止			
7			$\phi 8H7(3 处)$	6	用塞规检测,合格得分,每一处不合格扣 2 分			
8		深度尺寸(8分)	$5_{-0.05}^{+0.01}$	2	超差 0.01,扣 0.5 分,扣完为止			
9			$4_{-0.07}^{-0.01}$	2	超差 0.01,扣 0.5 分,扣完为止			
10			$4_{-0.07}^{-0.01}$	2	超差 0.01,扣 0.5 分,扣完为止			
11			$20_{-0.07}^{0}$	2	超差 0.01,扣 0.5 分,扣完为止			
12		长度尺寸(18分)	$8_{+0.01}^{+0.07}$	2	超差 0.01,扣 0.5 分,扣完为止			
13			$8_{+0.01}^{+0.07}$	2	超差 0.01,扣 0.5 分,扣完为止			
14			$98_{-0.06}^{0}$	2	超差 0.01,扣 0.5 分,扣完为止			
15			$98_{-0.06}^{0}$	2	超差 0.01,扣 0.5 分,扣完为止			
16			$64_{-0.01}^{+0.05}$	2	超差 0.01,扣 0.5 分,扣完为止			
17			$15_{-0.01}^{+0.05}$	2	超差 0.01,扣 0.5 分,扣完为止			
18			$15_{-0.05}^{+0.01}$	2	超差 0.01,扣 0.5 分,扣完为止			
19			$37_{-0.08}^{-0.02}$	2	超差 0.01,扣 0.5 分,扣完为止			
20			$25_{0}^{+0.1}$	2	超差 0.01,扣 0.5 分,扣完为止			
21	一般尺寸(53分)	直径尺寸(4分)	$\phi 38$	1	超差不得分			
22			$\phi 20$	1	超差不得分			
23			$\phi 16$	1	超差不得分			
24			$\phi 12$	1	超差不得分			
25		深度尺寸(11分)	3(2 处主视图)	1	超差不得分			
26			22	1	超差不得分			
27			3(3 处左视图)	1	超差不得分			

序号	考核项目		考核内容及要求	配分	评分标准	检测结果	扣分	得分
28			2	1	超差不得分			
29			15	1	超差不得分			
30		深度尺寸(11分)	12	1	超差不得分			
31			5	1	超差不得分			
32			5	1	超差不得分			
33			20	1	超差不得分			
34			22	1	超差不得分			
35			3(俯视图)	1	超差不得分			
36			24(2处)	1	超差不得分			
37			10	1	超差不得分			
38		长度尺寸(9分)	83	1	超差不得分			
39			83	1	超差不得分			
40			81	1	超差不得分			
41			81	1	超差不得分			
42			48	1	超差不得分			
43	一般尺寸(53分)		48	1	超差不得分			
44			10	1	超差不得分			
45			$R4$(4处)	2	用R规检测,合格得分,一处不合格扣0.5分			
46			$R15$(4处)	2	用R规检测,合格得分,一处不合格扣0.5分			
47			$R7.5$(5处)	2	用R规检测,合格得分,一处不合格扣0.5分			
48		圆弧过渡(20分)	$R15$(4处)	2	用R规检测,合格得分,一处不合格扣0.5分			
49			$R7.5$(2处)	1	用R规检测,合格得分,一处不合格扣0.5分			
50			$R6$(8处)	2	用R规检测,合格得分,一处不合格扣0.5分			
51			$R5$(6处)	2	用R规检测,合格得分,一处不合格扣0.5分			
52			$R5.5$(4处)	2	用R规检测,合格得分,一处不合格扣0.5分			
53			$R8$(4处)	2	用R规检测,合格得分,一处不合格扣0.5分			
54			$R7.5$(4处)	2	用R规检测,合格得分,一处不合格扣0.5分			
55			$R1$(4处)	1	用R规检测,合格得分,一处不合格扣0.5分			

序号	考核项目		考核内容及要求	配分	评分标准	检测结果	扣分	得分
56	一般尺寸（53分）	倒圆角（4分）	R2	2	R规检测合格得分，不合格不得分			
57			R2	2	R规检测合格得分，不合格不得分			
58		雕刻（5分）	字体	5	刻字清晰可见，深度符合要求得分，缺一个字扣一分，扣完为止			
59	形位公差（1分）	平行度（1分）	0.05	1	形位公差符合要求得分，一处不合格扣0.5分			
60	表面粗糙度（2分）		3.2/6.4	2	表面粗糙度符合要求得分，一处不合格扣0.5分，扣完为止			
二、规范操作、文明生产、加工工艺				10				
1	文明生产规范操作		① 着装规范，未受伤； ② 刀具、工具、量具的放置； ③ 工件装夹、刀具安装规范； ④ 正确使用量具； ⑤ 卫生、设备保养； ⑥ 关机后机床停放位置不合理； ⑦ 发生重大安全事故、严重违反操作规程者，取消考试资格； ⑧ 是否服从安排； ⑨ 开机前的检查和开机顺序正确； ⑩ 正确对刀，回参考点，建立工件坐标系； ⑪ 正确仿真校验	5	每违反一条酌情扣0.5分			
2	工艺分析		① 工件定位和夹紧不合理； ② 加工顺序不合理； ③ 刀具选择不合理； ④ 关键工序错误； ⑤ 刀具有损坏	5	每违反一条酌情扣1分			
检测员			记录员		评分员			

附 录

【教学重点】
· 宏指令编程
· 编程指令介绍

宏指令与编程指令

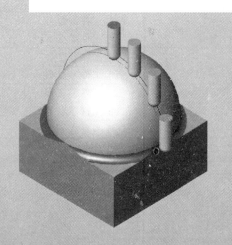

附录1 华中数控世纪星 HNC-21/22M 数控系统宏指令编程

华中数控世纪星 HNC-21/22M 数控系统为用户配备了强有力的类似于高级语言的宏程序功能，用户可以使用变量进行算术运算、逻辑运算和函数的混合运算。此外宏程序还提供了循环语句、分支语句和子程序调用语句，利于编制各种复杂的零件加工程序，减少乃至避免手工编程时进行繁琐的数值计算，并能精简程序。

1. 宏变量及常量

① HNC-21/22M 系统宏变量及说明如附表 1-1 所示。

附表 1-1　HNC-21/22M 系统宏变量

宏 变 量	说　明	宏 变 量	说　明
♯0～♯49	当前局部变量	♯50～♯199	全局变量
♯200～♯249	0 层局部变量	♯250～♯299	1 层局部变量
♯300～♯349	2 层局部变量	♯350～♯399	3 层局部变量
♯400～♯449	4 层局部变量	♯450～♯499	5 层局部变量
♯500～♯549	6 层局部变量	♯550～♯599	7 层局部变量
♯600～♯699	刀具长度寄存器 H0～H99	♯700～♯799	刀具半径寄存器 D0～D99
♯800～♯899	刀具寿命寄存器		
♯1000	机床当前位置 X	♯1001	机床当前位置 Y
♯1002	机床当前位置 Z	♯1003	机床当前位置 A
♯1004	机床当前位置 B	♯1005	机床当前位置 C
♯1006	机床当前位置 U	♯1007	机床当前位置 V
♯1008	机床当前位置 W	♯1009	直径编程
♯1010	编程机床位置 X	♯1011	编程机床位置 Y
♯1012	编程机床位置 Z	♯1013	编程机床位置 A
♯1014	编程机床位置 B	♯1015	编程机床位置 C
♯1016	编程机床位置 U	♯1017	编程机床位置 V
♯1018	编程机床位置 W	♯1019	（保留）
♯1020	编程工件位置 X	♯1021	编程工件位置 Y
♯1022	编程工件位置 Z	♯1023	编程工件位置 A
♯1024	编程工件位置 B	♯1025	编程工件位置 C
♯1026	编程工件位置 U	♯1027	编程工件位置 V
♯1028	编程工件位置 W	♯1029	（保留）
♯1030	当前工件零点 X	♯1031	当前工件零点 Y
♯1032	当前工件零点 Z	♯1033	当前工件零点 A
♯1034	当前工件零点 B	♯1035	当前工件零点 C
♯1036	当前工件零点 U	♯1037	当前工件零点 V
♯1038	当前工件零点 W	♯1039	坐标系建立轴
♯1040	G54 零点 X	♯1041	G54 零点 Y
♯1042	G54 零点 Z	♯1043	G54 零点 A
♯1044	G54 零点 B	♯1045	G54 零点 C

续表

宏 变 量	说　明	宏 变 量	说　明
#1046	G54 零点 U	#1047	G54 零点 V
#1048	G54 零点 W	#1049	（保留）
#1050	G55 零点 X	#1051	G55 零点 Y
#1052	G55 零点 Z	#1053	G55 零点 A
#1054	G55 零点 B	#1055	G55 零点 C
#1056	G55 零点 U	#1057	G55 零点 V
#1058	G55 零点 W	#1059	（保留）
#1060	G56 零点 X	#1061	G56 零点 Y
#1062	G56 零点 Z	#1063	G56 零点 A
#1064	G56 零点 B	#1065	G56 零点 C
#1066	G56 零点 U	#1067	G56 零点 V
#1068	G56 零点 W	#1069	（保留）
#1070	G57 零点 X	#1071	G57 零点 Y
#1072	G57 零点 Z	#1073	G57 零点 A
#1074	G57 零点 B	#1075	G57 零点 C
#1076	G57 零点 U	#1077	G57 零点 V
#1078	G57 零点 W	#1079	（保留）
#1080	G58 零点 X	#1081	G58 零点 Y
#1082	G58 零点 Z	#1083	G58 零点 A
#1084	G58 零点 B	#1085	G58 零点 C
#1086	G58 零点 U	#1087	G58 零点 V
#1088	G58 零点 W	#1089	（保留）
#1090	G59 零点 X	#1091	G59 零点 Y
#1092	G59 零点 Z	#1093	G59 零点 A
#1094	G59 零点 B	#1095	G59 零点 C
#1096	G59 零点 U	#1097	G59 零点 V
#1098	G59 零点 W	#1099	（保留）
#1100	中断点位置 X	#1101	中断点位置 Y
#1102	中断点位置 Z	#1103	中断点位置 A
#1104	中断点位置 B	#1105	中断点位置 C
#1106	中断点位置 U	#1107	中断点位置 V
#1108	中断点位置 W	#1109	坐标系建立轴
#1110	G28 中间点位置 X''	#1111	G28 中间点位置 Y
#1112	G28 中间点位置 Z	#1113	G28 中间点位置 A
#1114	G28 中间点位置 B	#1115	G28 中间点位置 C
#1116	G28 中间点位置 U	#1117	G28 中间点位置 V
#1118	G28 中间点位置 W	#1119	G28 屏蔽字
#1120	镜像点位置 X	#1121	镜像点位置 Y
#1122	镜像点位置 Z	#1123	镜像点位置 A
#1124	镜像点位置 B	#1125	镜像点位置 C
#1126	镜像点位置 U	#1127	镜像点位置 V
#1128	镜像点位置 W	#1129	镜像屏蔽字

宏 变 量	说 明	宏 变 量	说 明
♯1130	旋转中心（轴1）	♯1131	旋转中心（轴2）
♯1132	旋转角度	♯1133	旋转轴屏蔽字
♯1134	（保留）	♯1135	缩放中心（轴1）
♯1136	缩放中心（轴2）	♯1137	缩放中心（轴3）
♯1138	缩放比例	♯1139	缩放轴屏蔽字
♯1140	坐标变换代码1	♯1141	坐标变换代码2
♯1142	坐标变换代码3	♯1143	（保留）
♯1144	刀具长度补偿号	♯1145	刀具半径补偿号
♯1146	当前平面轴1	♯1147	当前平面轴2
♯1148	虚拟轴屏蔽字	♯1149	进给速度指定
♯1150	G代码模态值0	♯1151	G代码模态值1
♯1152	G代码模态值2	♯1153	G代码模态值3
♯1154	G代码模态值4	♯1155	G代码模态值5
♯1156	G代码模态值6	♯1156	G代码模态值7
♯1158	G代码模态值8	♯1159	G代码模态值9
♯1160	G代码模态值10	♯1161	G代码模态值11
♯1162	G代码模态值12	♯1163	G代码模态值13
♯1164	G代码模态值14	♯1165	G代码模态值15
♯1166	G代码模态值16	♯1167	G代码模态值17
♯1168	G代码模态值18	♯1169	G代码模态值19
♯1170	剩余CACHE	♯1171	备用CACHE
♯1172	剩余缓冲区	♯1173	备用缓冲区
♯1174	（保留）	♯1175	（保留）
♯1176	（保留）	♯1177	（保留）
♯1178	（保留）	♯1179	（保留）
♯1180	（保留）	♯1181	（保留）
♯1182	（保留）	♯1183	（保留）
♯1184	（保留）	♯1185	（保留）
♯1186	（保留）	♯1187	（保留）
♯1188	（保留）	♯1189	（保留）
♯1190	用户自定义输入	♯1191	用户自定义输出
♯1192	自定义输出屏蔽	♯1193	（保留）
♯1194	（保留）		

② HNC-21/22M 系统常量及说明如附表 1-2 所示。

附表 1-2　HNC-21/22M 系统常量

常 量	说 明
PI	圆周率 π
TRUE	条件成立（真）
FALSE	条件不成立（假）

2. 运算符与表达式

① HNC-21/22M 系统运算符及说明如附表 1-3 所示。

附表 1-3　HNC-21/22M 系统运算符

运算符类型	运　算　符	说　　明
算术运算符	＋	加
	－	减
	*	乘
	/	除
条件运算符	EQ	等于
	NE	不等于
	GT	大于
	GE	大于等于
	LT	小于
	LE	小于等于
逻辑运算符	AND	与
	OR	或
	NOT	非
函数运算符	SIN	正弦
	COS	余弦
	TAN	正切
	ATAN	反正切
	ATAN2	反余切
	ABS	绝对值
	INT	取整
	SIGN	取符号
	SQRT	平方根
	EXP	指数

② 表达式。用运算符连接起来的常数、宏变量构成表达式。下列式子都是表达式：

90/SQRT［2］ * COS［55 * PI/180］

♯3 * 8 GT 20

3. 赋值语句

把常数或表达式的值送给一个宏变量称为赋值。

格式：宏变量＝常数或表达式

下列语句都是赋值语句：♯2 ＝ 90/SQRT［2］ * COS［55 * PI/180］

♯3 ＝ 124.0

4. 条件判别语句

格式 1：IF 条件表达式

　　　　…

　　　　ELSE

...

ENDIF

格式 2：IF 条件表达式

...

ENDIF

5. 循环语句

格式：WHILE 条件表达式

...

ENDW

6. HNC-21/22M 宏程序/子程序调用的参数传递规则

HNC-21M 的固定循环指令采用宏程序方法实现，这些宏程序调用具有模态功能。

由于各数控公司定义的固定循环含义不尽一致，采用宏程序实现固定循环，用户可按自己的要求定制固定循环，十分方便。

为便于用户阅读下面固定循环宏程序的源代码，先介绍一下 HNC-21M 宏程序/子程序调用的参数传递规则。

G 代码在调用宏（子程序或固定循环，下同）时，系统会将当前程序段各字段（A～Z 共 26 字段，如果没有定义则为零）的内容拷贝到宏执行时的局部变量♯0～♯25，同时拷贝调用宏时当前通道九个轴的绝对位置（机床绝对坐标）到宏执行时的局部变量♯30～♯38。

调用一般子程序时，不保存系统模态值，即子程序可修改系统模态并保持有效；而调用固定循环时，保存系统模态值，即固定循环子程序不修改系统模态。

附表 1-4 列出了宏当前局部变量♯0～♯38 所对应的宏调用者传递的字段参数名。

附表 1-4　宏调用时字段参数传递与局部宏变量的对应关系

宏当前局部变量	宏调用时所传递的字段名或系统变量
♯0	A
♯1	B
♯2	C
♯3	D
♯4	E
♯5	F
♯6	G
♯7	H
♯8	I
♯9	J
♯10	K
♯11	L
♯12	M
♯13	N
♯14	O

续表

宏当前局部变量	宏调用时所传递的字段名或系统变量
♯15	P
♯16	Q
♯17	R
♯18	S
♯19	T
♯20	U
♯21	V
♯22	W
♯23	X
♯24	Y
♯25	Z
♯26	固定循环指令初始平面 Z 模态值
♯27	不用
♯28	不用
♯29	不用
♯30	调用子程序时轴 0 的绝对坐标
♯31	调用子程序时轴 1 的绝对坐标
♯32	调用子程序时轴 2 的绝对坐标
♯33	调用子程序时轴 3 的绝对坐标
♯34	调用子程序时轴 4 的绝对坐标
♯35	调用子程序时轴 5 的绝对坐标
♯36	调用子程序时轴 6 的绝对坐标
♯37	调用子程序时轴 7 的绝对坐标
♯38	调用子程序时轴 8 的绝对坐标

对于每个局部变量，都可用系统宏 AR［］来判别该变量是否被定义，是否被定义为增量或绝对方式。该系统宏的调用格式如下：

AR［♯变量号］

返回 0 表示该变量没有被定义；

返回 90 表示该变量被定义为绝对方式 G90；

返回 91 表示该变量被定义为相对方式 G91。

例如，附表 1-5 中的主程序 00001 在调用子程序 09990 时，设置了 I、J、K 的值，子程序 09990 可分别通过当前局部变量♯8、♯9、♯10 来访问主程序的 I、J、K 之值。

附表 1-5　主程序调用子程序的示例

行　号	％0001	说　　明
N1	G92 X0 Y0 Z0	
N2	M98 P990 I20 J30 K40	
N3	M30	
N4	％9990	

续表

行　号	％0001	说　　明
N5	IF［AR［#8］EQ 0］OR［AR［#9］EQ 0］OR［AR［#10］EQ 0］	如果没有定义 I、J、K 的值
N6	M99	则返回
N7	ENDIF	
N8	G91	用增量方式编写宏程序
N9	IF［AR［#8］EQ 90］	如果 I 值是绝对方式 G90
N10	#8＝#8－#30	将 I 值转换为增量方式 #30 为 X 的绝对坐标
N11	ENDIF	
N…	……	
N…	M99	

　　HNC-21M 子程序嵌套调用的深度最多可以有九层，每一层子程序都有自己独立的局部变量（变量个数为50）。当前局部变量为 #0～#49，第一层局部变量为 #200～#249，第二层局部变量为 #250～#299，第三层局部变量为 #300～#349，依此类推。

　　在子程序中如何确定上层的局部变量，要依上层的层数而定，如附表 1-6 所示。

附表 1-6　宏调用的层次示例

行　号	％0099	说　　明
N1	G92 X0 Y0 Z0	
N2	#10＝98	
N3	M98 P100	
N4	M30	
N5		
N6	％100	
N7	#10＝100	此时 N7 所在段的局部变量 #10 为第一层 #210
N8	M98 P110	
N9	M99	
N10		
N11	％110	
N12	#10＝200	此时 N12 所在段的局部变量 #10 为第二层 #260
N13	M99	

　　为了更深入地了解 HNC-21M 宏程序，附表 1-7 给出一个利用小直线段逼近整圆的数控加工程序。

附表 1-7　小直线逼近整圆的数控加工程序

行　号	％1000	说　　明
N1	G92 X0 Y0 Z0	
N2	M98 P1002 X－50 Y0 R50	宏程序调用，加工整圆
N3	M30	

续表

行　号	％1000	说　明
N4	％1002	加工整圆子程序，圆心为（X，Y），半径为 R。 ♯23 为调用本程序时的 X 坐标； ♯24 为调用本程序时的 Y 坐标； ♯17 为调用本程序时的 Z 坐标
N5	IF［AR［♯17］EQ0］OR［♯17EQ0］	如果没有定义半径 R
N6	M99	
N7	ENDIF	
N8	IF［AR［♯23］EQ0］OR［AR［♯24］EQ0］	如果没有定义圆心
N9	M99	
N10	ENDIF	
N11	♯45＝♯1162	记录第 12 组模态码♯1162，是 G61 或 G64
N12	♯46＝♯1163	记录第 13 组模态码♯1163，是 G90 或 G91
N13	G91G64	用相对编程 G91 及连续插补方式 G64
N14	IF［AR［♯23］EQ90］	如果 X 为绝对编程方式
N15	♯23＝♯23－♯30	则转为相对编程方式
N16	ENDIF	
N17	IF［AR［♯24］EQ90］	如果 Y 为绝对编程方式
N18	♯24＝♯24－♯31	则转为相对编程方式
N19	ENDIF	
N20	♯0＝♯23＋♯17＊COS［0］	
N21	♯1＝♯24＋♯17＊SIN［0］	
N22	G01X［♯0］Y［♯1］	
N23	♯10＝1	
N24	WHILE［♯10LE100］	用 100 段小直线逼近圆
N25	♯0＝♯17＊［COS［♯10＊2＊PI/100］－COS［［♯10－1］＊2＊PI/100］］	
N26	♯1＝♯17＊［SIN［♯10＊2＊PI/100］－SIN［［♯10－1］＊2＊PI/100］］	
N27	G01X［♯0］Y［♯1］	
N28	♯10＝♯10＋1	
N29	ENDW	
N30	G［♯45］G［♯46］	恢复第 12 组、第 13 组模态
N31	M99	

7. 编程范例

范例 1　用球头刀加工如附图 1-1 所示的半球面零件。球半径 100 mm，球头刀半径 10 mm，角度增量 1°。用 HNC-21M 系统宏指令编制该零件的精加工程序。

精加工参考程序如附表 1-8 所示。

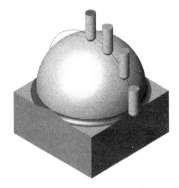

附图 1-1　球头刀加工半球面零件示意图

附表 1-8　参考程序

行　号	％1000	程　序　头
N1	G92 X0 Y0 Z150	初始化刀具位置并建立坐标系零点
N2	G90 G17 G00 X120 Y0 Z150 M03 S500	快速定位到 X 向接近起点位置
N3	Z15	快速定位到 Z 向接近位置
N4	G01 Z0 F100	Z 向慢速移到起点位置
N5	G01 X110 Y0 F100	X 向慢速加工到起点位置
N6	G02 I［－110］	加工一次整圆
N7	＃0＝1	定义初始刀具转角值
N8	WHILE ＃0 LT 90	定义循环角度值，增量为 1°
N9	＃1＝110 * COS［＃0 * PI/180］	计算下一起点 X 坐标值
N10	＃3＝110 * SIN［＃0 * PI/180］	计算下一起点 Z 坐标值
N11	G01 X［＃1］Y0 Z［＃3］	移到下一次整圆加工的起点
N12	G17 G02 I［－＃1］	以新起点坐标 X 值为半径加工整圆
N13	＃0＝＃0+1	角增量值累加 1°
N14	ENDW	返回到循环条件语句
N15	G90 G00 Z150 M05	快速返回到 Z 向初始高度
N16	X0 Y0	回到初始化刀具 X、Y 位置
N17	M30	程序结束

范例 2　附图 1-2 所示为倾斜 10°的方台与圆台相切，圆台在方台之上，用 HNC-21M 系统宏指令编制精加工程序。

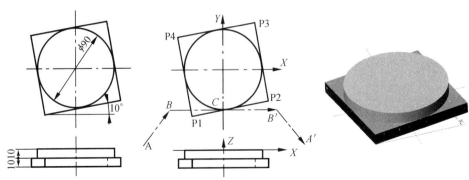

附图 1-2　相切的圆台和方台的零件图及实体图

精加工参考程序见附表 1-9。

附表 1-9　参考程序

行　号	％8002	程　序　头
N1	♯10＝10.0	圆台阶高度
N2	♯11＝10.0	方台阶高度
N3	♯12＝108.0	圆外定点的 X 坐标轴
N4	♯13＝108.0	圆外定点的 Y 坐标轴
N5	♯101＝8.0	刀具半径偏置（粗加工）
N6	♯102＝6.5	刀具半径偏置（半精加工）
N7	♯103＝6.0	刀具半径偏置（精加工）
N8	G92X0Y0Z10;	
N9	♯0＝0;	
N10	G00X［－♯12］Y［－♯13］	快速定位到 A
N11	G00Z［－♯10］M03S600F200	Z 轴进刀，准备加工圆台
N12	WHILE ♯0 LT 3	加工圆台
N［13＋♯0＊6］	G00G42X［－♯12/2］Y［－90/2］F200D［♯0＋101］	快速定位到 B
N［14＋♯0＊6］	G01X［0］Y［－90/2］	加工到 C
N［15＋♯0＊6］	G03J［90/2］	整圆加工
N［16＋♯0＊6］	G01X［♯12/2］Y［－90/2］	加工到 B′
N［17＋♯0＊6］	G00G40X［♯12］Y［－♯13］	快速定位到 A′
N［18＋♯0＊6］	G00X［－♯12］Y［－♯13］	快速定位到 A
N31	♯0＝♯0＋1	♯0 中数值加 1
N32	ENDW	
N33	Z［－♯10－♯11］	Z 轴进刀，准备加工斜方台
N34	♯2＝45＊SQRT［2］＊COS［55＊PI/180］	P1 点 X 坐标 （X＝－♯2）
N35	♯3＝45＊SQRT［2］＊SIN［55＊PI/180］	P1 点 Y 坐标 （Y＝－♯3）
N36	♯4＝90＊COS［10＊PI/180］	P1 与 P2 点之间 X 增量为 ♯4，Y 增量为♯5
N37	♯5＝90＊SIN［10＊PI/180］	
N38	♯0＝0	循环次数增量
N39	WHILE♯0LT3	加工斜方台
N［40＋♯0＊8］	G00G42X［－♯12/2］Y［－90/2］F200D［♯0＋101］	快速定位到 B
N［41＋♯0＊8］	G01X［－♯2］Y［－♯3］	加工到 P1
N［42＋♯0＊8］	G91X［＋♯4］Y［＋♯5］	加工到 P2
N［43＋♯0＊8］	X［－♯5］Y［＋♯4］	加工到 P3
N［44＋♯0＊8］	X［－♯4］Y［－♯5］	加工到 P4
N［45＋♯0＊8］	X［＋♯5］Y［－♯4］	加工到 P1
N［46＋♯0＊8］	G90X［♯12/2］Y［－90/2］	加工到 B′
N［47＋♯0＊8］	G00G40X［－♯12］Y［－♯13］	快速定位到 A
N64	♯0＝♯0＋1	循环次数加 1
N65	ENDW	
N66	G00 Z10	
N67	X0 Y0 M05	
N68	M30	

范例 3 用 φ6 mm 球头铣刀加工椭圆轮廓零件。用 HNC-21M 系统宏指令编制精加工程序（通用性程序）。加工路线 Y 方向以行距小于球头铣刀逐步行切形成椭球形状。毛坯为 100 mm×100 mm×50 mm 块料，要求铣出如附图 1-3 所示的椭球面。

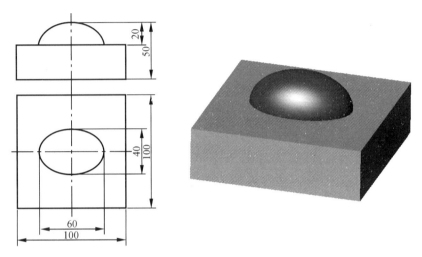

附图 1-3　椭圆轮廓零件图及实体图

精加工参考程序（通用性程序）如附表 1-10 所示。

附表 1-10　参考程序

行　号	％8005	用行切法加工椭圆台，X、Y 按行距增量进给
N1	＃10＝100	毛坯 X 方向长度
N2	＃11＝100	毛坯 Y 方向长度
N3	＃12＝60	椭圆长轴
N4	＃13＝40	椭圆短轴
N5	＃14＝20	椭圆台高度
N6	＃15＝2	行距步长
N7	G92 X0 Y0 Z［＃13＋20］	
N8	G90 G00 X［＃10/2］Y［＃11/2］M03 S3000	
N9	G01 Z0	
N10	X［－＃10/2］Y［＃11/2］	
N11	G17G01　X［－＃10/2］　Y［－＃11/2］	
N12	X［＃10/2］	
N13	Y［＃11/2］	
N14	＃0＝＃10/2	
N15	＃1＝－＃0	
N16	＃2＝＃13－＃14	
N17	＃5＝＃12＊SQRT［1－＃2＊＃2/＃13/＃13］	
N18	G01 Z［＃14］	
N19	WHILE ＃0 GE ＃1	

续表

行　号	‰8005	用行切法加工椭圆台，X、Y 按行距增量进给
N20	IF ABS［#0］LT #5	
N21	#3＝#13＊SQRT［1－#0＊#0/［#12＊#12］］	
N22	IF #3 GT #2	
N23	#4＝SQRT［#3＊#3－#2＊#2］	
N24	G01 Y［#4］F300	
N25	G19 G03 Y［－#4］J［－#4］K［－#2］	
N26	ENDIF	
N27	ENDIF	
N28	G01 Y［－#11/2］F300	
N29	#0＝#0－#15	
N30	G01 X［#0］	
N31	IF ABS［#0］LT #5	
N32	#3＝#13＊SQRT［1－#0＊#0/［#12＊#12］］	
N33	IF #3 GT #2	
N34	#4＝SQRT［#3＊#3－#2＊#2］	
N35	G01 Y［－#4］F300	
N36	G19 G02 Y［#4］J［#4］K［－#2］	
N37	ENDIF	
N38	ENDIF	
N39	G01 Y［#11/2］F500	
N40	#0＝#0－#15	
N41	G01 X［#0］	
N42	ENDW	
N43	G00 Z［#13＋20］M05	
N44	G00 X0 Y0	
N45	M30	

　　范例 4　用 ϕ8 mm 球头铣刀加工圆角方台零件（见附图 1-4）。用 HNC-21M 系统宏指令编制精加工程序。圆角方台为 40 mm×40 mm，方台周边倒 $R2$ 的倒角，刀具半径补偿 #101。

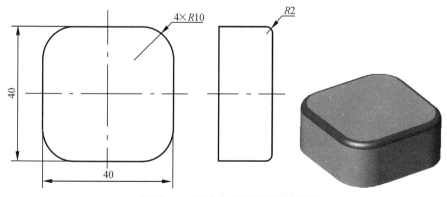

附图 1-4　圆角方台零件图及实体图

精加工参考程序见附表1-11。

附表1-11 参考程序

行 号	％1234	说 明
N1	G54 G0 G90 G40 Z50	
N2	X0 Y0	
N3	M03 S800 F100	
N4	G00 X－35 Y0	
N5	Z5	
N6	＃1＝0	
N7	WHILE ＃1 LT PI/2	
N8	＃2＝6＊COS［＃1］－6 ·	
N9	＃101＝6＊COS［＃1］－2	
N10	G41 G01 X－30 Y－10 D101	
N11	Z［＃2］	
N12	G03 X－20 Y0 R10	
N13	G01 Y10	
N14	G02 X－10 Y20 R10	
N15	G01 X10	
N16	G02 X20 Y10 R10	
N17	G01 Y－10	
N18	G02 X10 Y－20 R10	
N19	G01 X－10	
N20	G02 X－20 Y－10 R10	
N21	G01 Y0	
N22	G03 X－30 Y10 R10	
N23	G40 G1 X－35 Y2	
N24	Y0	
N25	＃1＝＃1＋PI/180	
N26	ENDW	
N27	G00 Z50	
N28	X0 Y0	
N29	M05	
N30	M30	

范例5 用球头铣刀加工球面精加工参考程序（通用性程序）如附表1-12所示。

附表1-12 参考程序

行 号	％1000	说 明
N1	＃1＝100	球半径
N2	＃2＝10	球头刀半径
N3	＃3＝10	预留加工余量
N4	＃4＝0	初始角度
N5	＃5＝90	终止角度

续表

行 号	%1000	说 明
N6	#6=1	角度增量
N7	G92 X0 Y0 Z150	
N8	#10=#1+#2+#3	
N9	#11=#10*COS[#4*PI/180]	
N10	#13=#10*SIN[#4*PI/180]	
N11	G90 G17 G00 X[#11+10] Y0 Z150 M03 S500	
N12	Z[#13+15]	
N13	G01 Z[#13] F150	
N14	G01 X[#11] Y0 F150	
N15	G02 I[-#11]	
N16	#0=#4+#6	
N17	WHILE #0 LE #5	
N18	#11=#10*COS[#0*PI/180]	
N19	#13=#10*SIN[#0*PI/180]	
N20	G18 G02 X[#11] Y0 Z[#13] I[-#11]	
N21	G17 G02 I[-#11]	
N22	#0=#0+#6	
N23	ENDW	
N24	G90 G00 Z150 M05	
N25	X0 Y0	
N26	M30	

8. 固定循环指令的宏程序实现

这里给出 HNC-21M 固定循环宏程序源代码的内容。

%0000	
;G73,G74,G76,G80,G81,G82,G83,G84,G85,G86,G87,G88,G89 宏程序定义	
;***	
%0073	攻丝循环 G73 的宏程序实现源代码。调用本程序之前，必须调用 M03 或 M04 指令让主轴转动
IF [AR [#25] EQ 0] OR [AR [#16] EQ 0] OR [AR [#10] EQ 0]	如果没有定义孔底 Z 零值、每次进给深度 Q 值或退刀量 K 值
M99	则返回
ENDIF	
G91	用增量方式编写宏程序
IF [AR [#23] EQ 90]	如果 X 值是绝对方式 G90
#23=#23-#30	将 X 值转换为增量方式，#30 为调用本程序时 X 的绝对坐标
ENDIF	
IF [AR [#24] EQ 90]	如果 Y 值是绝对方式 G90

♯24＝♯24－♯31	将 Y 值转换为增量方式，♯31 为调用本程序时 Y 的绝对坐标
ENDIF	
IF［AR［♯17］EQ 90］	如果参考点平面 R 值是绝对方式 G90
♯17＝♯17－♯32	将 R 值转换为增量方式，♯32 为调用本程序时 Z 的绝对坐标
ELSE	
IF［AR［♯26］NE 0］	如果初始 Z 平面模态值存在
♯17＝♯17＋♯26－♯32	将 R 值转换为增量方式
ENDIF	
ENDIF	
IF［AR［♯25］EQ 90］	如果孔底 Z 值是绝对方式 G90
♯25＝♯25－♯32－♯17	将 Z 值转换为增量方式
ENDIF	
IF［♯25 GE 0］OR［♯16 GE 0］OR［♯10 LE 0］OR［♯10 GE［－♯16］］	如果增量方式的 Z、Q≥0 或退刀量 K≤0，或 K＞Q 的绝对值
M99	则返回
ENDIF	
X［♯23］Y［♯24］	移到 XY 孔位
Z［♯17］	移到参考点 R
♯40＝－♯25	循环变量♯40 初始值为参考点到孔底的位移量
♯41＝0	循环变量♯41 为退刀量
WHILE ♯40 GT［－♯16］	如果还可以进刀一次
G01 Z［♯16－♯41］	进刀
G04 P0．1	暂停
G00 Z［♯10］	退刀
G04 P0．1	暂停
♯41＝♯10	退刀量
♯40＝♯40＋♯16	进刀量为负数，♯40 将减少
ENDW	
G01 Z［－♯40－♯41］	最后一刀到孔底
G04 P［♯15］	在孔底暂停
IF ♯1165 EQ 99	如果第 15 组 G 代码模态值为 G99
G00 Z［－♯25］	即返回参考点 R 平面
ELSE	
IF［AR［♯26］EQ 0］	
G00 Z［－♯25－♯17］	否则返回初始平面，注：♯25 及♯17 均为负数
ELSE	
G90 G00 Z［♯26］	否则返回初始平面

续表

ENDIF	
ENDIF	
M99	
; **	
%0074	反攻丝循环 G74 的宏程序实现源代码。调用本程序后，主轴反转
IF ［AR ［#25］EQ 0］	没有定义孔底 Z 零坐标
M99	
ENDIF	
G91	用增量方式编写宏程序
IF ［AR ［#23］EQ 90］	如果 X 值是绝对方式 G90
#23 = #23 − #30	将 X 值转换为增量方式，#30 为 X 的绝对坐标
ENDIF	
IF ［AR ［#24］EQ 90］	如果 Y 值是绝对方式 G90
#24 = #24 − #31	将 Y 值转换为增量方式，#31 为 Y 的绝对坐标
ENDIF	
IF ［AR ［#17］EQ 90］	如果参考点 R 值是绝对方式 G90
#17 = #17 − #32	将 R 值转换为增量方式，#32 为 Z 的绝对坐标
ELSE	
IF ［AR ［#26］NE 0］	如果初始 Z 平面模态值存在
#17 = #17 + #26 − #32	将 R 值转换为增量方式，#32 为 Z 的绝对坐标
ENDIF	
ENDIF	
IF ［AR ［#25］EQ 90］	如果孔底 Z 值是绝对方式 G90
#25 = #25 − #32 − #17	将 Z 值转换为增量方式，#32 为 Z 的绝对坐标
ENDIF	
IF #25 GE 0	如果增量方式的 Z 值大于等于零
M99	则返回
ENDIF	
X ［#23］Y ［#24］M04	移到 XY 孔位，并且主轴反转
Z ［#17］	移到参考点 R
G34 Z ［#25］	反攻丝到孔底，攻丝时进给保持将不起作用
G04 P ［#15］	暂停
M03	主轴正转
IF #1165 EQ 99	如果为 G99，即返回参考点 R 平面

G34 Z［－＃25］	正向攻丝，攻丝时进给保持将不起作用
ELSE	
G34 Z［－＃25］	正向攻丝，攻丝时进给保持将不起作用
IF AR［＃26］EQ 0	
G00 Z［－＃17］	返回初始平面，注：＃25 及＃17 均为负数
ELSE	
G00 Z［＃26］	否则返回初始平面
ENDIF	
ENDIF	
M04	主轴反转
M99	
; ***	
％0076	精镗循环 G76 的宏程序源代码。调用本程序之前，必须调用 M03 或 M04 指令让主轴转动
IF［AR［＃25］EQ 0］OR［［AR［＃8］OR AR［＃9］］EQ 0］	如果没有定义孔底 Z 值、退刀量 I 或 J 值
M99	则返回
ENDIF	
G91	用增量方式编写宏程序
IF AR［＃23］EQ 90	如果 X 值是绝对方式 G90
＃23＝＃23－＃30	将 XY 值转换为增量方式，＃30 为 X 的绝对坐标
ENDIF	
IF AR［＃24］EQ 90	如果 Y 值是绝对方式 G90
＃24＝＃24－＃31	将 Y 值转换为增量方式，＃31 为 Y 的绝对坐标
ENDIF	
IF AR［＃17］EQ 90	如果参考点 R 值是绝对方式 G90
＃17＝＃17－＃32	将 R 值转换为增量方式，＃32 为 Z 的绝对坐标
ELSE	
IF AR［＃26］NE 0	初始 Z 零平面模态值存在
＃17＝＃17＋＃26－＃32	将 R 值转换为增量方式，＃32 为 Z 的绝对坐标
ENDIF	
ENDIF	
IF AR［＃25］EQ 90	如果孔底 Z 值是绝对方式 G90
＃25＝＃25－＃32－＃17	将 Z 值转换为增量方式，＃32 为 Z 的绝对坐标

ENDIF	
IF ＃25 GE 0	如果增量方式的 Z 值大于等于零
M99	
ENDIF	
X［＃23］Y［＃24］	移到 XY 孔位
Z［＃17］	移到参考点 R
G01 Z［＃25］	镗孔，在此之前，必须让主轴转动
M05	主轴停转
M19	主轴定向停止
G04 P［＃15］	暂停
G00 X［＃8］Y［＃9］	让刀
IF ＃1165 EQ 99	如果第 15 组 G 代码模态值为 G99
G00 Z［－＃25］	即返回参考点 R 平面
ELSE	
IF AR［＃26］EQ 0	
G00 Z［－＃25－＃17］	否则返回初始平面
ELSE	
G90 G00 Z［＃26］	否则返回初始平面
ENDIF	
ENDIF	
M99	
;＊＊＊	
％0081	钻孔（中心钻）循环 G81 的宏程序实现源代码。调用本程序之前，必须让主轴转动起来
IF AR［＃25］EQ 0	如果没有指定 Z 值
M99	则返回
ENDIF	
G91	宏程序用增量编程 G91
IF AR［＃23］EQ 90	如果 X 值是绝对编程 G90
＃23＝＃23－＃30	则改为相对编程 G91
ENDIF	
IF AR［＃24］EQ 90	如果 Y 值是绝对编程 G90
＃24＝＃24－＃31	则改为相对编程 G91
ENDIF	
IF AR［＃17］EQ 90	如果 R 值是绝对编程 G90
＃17＝＃17－＃32	则改为相对编程 G91
ELSE	
IF AR［＃26］NE 0	如果初始 Z 零平面模态值存在
＃17＝＃17＋＃26－＃32	则将 R 值转换为增量方式

续表

ENDIF	
ENDIF	
IF AR［♯25］EQ 90	如果 Z 值是绝对编程 G90
♯25＝♯25－♯32－♯17	则改为相对编程 G91
ENDIF	
IF ♯25 GE 0	如果 Z 值相对当前点不下降
M99	则返回
ENDIF	
X［♯23］Y［♯24］	移到 XY 起始点
Z［♯17］	移到参考点 R
G01 Z［♯25］	钻孔到孔底 Z 点
IF ♯1165 EQ 99	如果第 15 组 G 代码模态值为 G99
G00 Z［－♯25］	则返回参考点 R 平面
ELSE	
IF AR［♯26］EQ 0	
G00 Z［－♯25－♯17］	否则返回初始平面
ELSE	
G90 G00 Z［♯26］	否则返回初始平面
ENDIF	
ENDIF	
M99	
;＊＊＊	
％0082	带停顿的钻孔（中心钻）循环 G82 的宏程序实现源代码，调用本程序之前，必须让主轴转动起来
IF AR［♯25］EQ 0	如果没有指定 Z 值
M99	则返回
ENDIF	
G91	宏程序用增量编程 G91
IF AR［♯23］EQ 90	如果 X 值是绝对编程 G90
♯23＝♯23－♯30	则改为相对编程 G91
ENDIF	
IF AR［♯24］EQ 90	如果 Y 值是绝对编程 G90
♯24＝♯24－♯31	则改为相对编程 G91
ENDIF	
IF AR［♯17］EQ 90	如果 R 值是绝对编程 G90
♯17＝♯17－♯32	则改为相对编程 G91
ELSE	
IF AR［♯26］NE 0	如果初始 Z 零平面模态值存在
♯17＝♯17＋♯26－♯32	则将 R 值转换为增量方式

ENDIF	
ENDIF	
IF AR［♯25］EQ 90	如果 Z 值是绝对编程 G90
♯25＝♯25－♯32－♯17	则改为相对编程 G91
ENDIF	
IF ♯25 GE 0	如果 Z 值相对当前点不下降
M99	则返回
ENDIF	
X［♯23］Y［♯24］	移到 XY 起始点
Z［♯17］	移到参考点 R
G01 Z［♯25］	钻孔到孔底 Z 点
G04 P［♯15］	在孔底暂停
IF ♯1165 EQ 99	如果第 15 组 G 代码模态值为 G99
G00 Z［－♯25］	则返回参考点 R 平面
ELSE	
IF AR［♯26］EQ 0	
G00 Z［－♯25－♯17］	否则返回初始平面
ELSE	
G90 G00 Z［♯26］	否则返回初始平面
ENDIF	
ENDIF	
M99	
; **	
%0083	深孔加工循环 G83 的宏程序实现源代码。调用本程序之前，必须让主轴转动起来
IF［AR［♯25］EQ 0］OR［AR［♯16］EQ 0］OR［AR［♯10］EQ 0］	如果没有定义孔底 Z 值、每次进给深度 Q 值或退刀量 K 值
M99	则返回
ENDIF	
G91	用增量方式编写宏程序
IF AR［♯23］EQ 90	如果 X 值是绝对方式 G90
♯23＝♯23－♯30	则将 X 值转换为增量方式
ENDIF	
IF AR［♯24］EQ 90	如果 Y 值是绝对方式 G90
♯24＝♯24－♯31	则将 Y 值转换为增量方式
ENDIF	
IF AR［♯17］EQ 90	如果参考点平面 R 值是绝对方式 G90
♯17＝♯17－♯32	则将 R 值转换为增量方式
ELSE	

IF AR［＃26］NE 0	如果初始 Z 平面模态值存在
＃17＝＃17＋＃26－＃32	则将 R 值转换为增量方式
ENDIF	
ENDIF	
IF AR［＃25］EQ 90	如果孔底 Z 值是绝对方式 G90
＃25＝＃25－＃32－＃17	则将 Z 值转换为增量方式
ENDIF	
IF［＃25 GE 0］OR［＃16 GE 0］OR［＃10 LE 0］OR［＃10 GE［－＃16］］	如果增量方式的 Z、Q＞＝0 或退刀量 K＜＝0，或 K＞Q 的绝对值
M99	则返回
ENDIF	
X［＃23］Y［＃24］	移到 XY 起始点
Z［＃17］	移到参考点 R
＃40＝－＃25	
＃41＝0	
＃42＝0	
WHILE ＃40 GT［－＃16］	如果还可以进刀一次
G01 Z［＃16－＃42］	进刀
G04 P0.1	暂停
G00 Z［－＃16－＃41］	退刀
Z［＃16＋＃41＋＃10］	快速回到已加工面
G04 P0.1	暂停
＃42＝＃10	
＃41＝＃41＋＃16	
＃40＝＃40＋＃16	
ENDW	
G01 Z［－＃40－＃42］	最后一次进刀
G04 P［＃15］	暂停
IF ＃1165 EQ 99	如果第 15 组 G 代码模态值为 G99
G00 Z［－＃25］	即返回参考点 R 平面
ELSE	
IF AR［＃26］EQ 0	
G00 Z［－＃25－＃17］	否则返回初始平面
ELSE	
G90 G00 Z［＃26］	否则返回初始平面
ENDIF	
ENDIF	
M99	
; ***	
％0084	攻丝循环 G84 的宏程序实现源代码。调用本程序之后，主轴将保持正转

续表

IF AR［♯25］EQ 0	如果没有定义孔底 Z 零平面
M99	则返回
ENDIF	
G91	用增量方式编写宏程序
IF AR［♯23］EQ90	如果 X 值是绝对方式 G90
♯23＝♯23－♯30	则将 X 值转换为增量方式
ENDIF	
IF AR［♯24］EQ 90	如果 Y 值是绝对方式 G90
♯24＝♯24－♯31	则将 Y 值转换为增量方式
ENDIF	
IF AR［♯17］EQ 90	如果参考点平面 R 值是绝对方式 G90
♯17＝♯17－♯32	则将 R 值转换为增量方式
ELSE	
IF AR［♯26］NE 0	如果初始 Z 平面模态值存在
♯17＝♯17＋♯26－♯32	则将 R 值转换为增量方式
ENDIF	
ENDIF	
IF AR［♯25］EQ 90	如果孔底 Z 值是绝对方式 G90
♯25＝♯25－♯32－♯17	则将 Z 值转换为增量方式
ENDIF	
IF ♯25 GE 0	如果 Z 值相对当前点不下降
M99	则返回
ENDIF	
X［♯23］Y［♯24］M03	移到 XY 定位点，且主轴正转
Z［♯17］	移到参考点 R
G34 Z［♯25］	正向攻丝，进给保持和进给修调将不起作用
G04 P［♯15］	在孔底暂停
M04	主轴反转
IF ♯1165 EQ 99	如果为 G99，则返回参考点 R 平面
G34 Z［－♯25］	反向攻丝，回到 R 点
ELSE	
G34 Z［－♯25］	先反向攻丝，回到 R 点
IF AR［♯26］EQ 0	
G00 Z［－♯17］	再返回初始平面
ELSE	
G90 G00 Z［♯26］	返回初始平面
ENDIF	
ENDIF	
M03	主轴正转
M99	

; **

%0085	镗孔循环 G85 的宏程序实现源代码。调用本程序之前，必须让主轴转动起来
IF AR［#25］EQ 0	如果没有定义孔底 Z 平面
M99	则返回
ENDIF	
G91	用增量方式编写宏程序
IF AR［#23］EQ 90	如果 X 值是绝对方式 G90
#23＝#23－#30	则将 X 值转换为增量方式
ENDIF	
IF AR［#24］EQ 90	如果 Y 值是绝对方式 G90
#24＝#24－#31	则将 Y 值转换为增量方式
ENDIF	
IF AR［#17］EQ 90	如果参考点平面 R 值是绝对方式 G90
#17＝#17－#32	则将 R 值转换为增量方式
ELSE	
IF AR［#26］NE 0	如果初始 Z 平面模态值存在
#17＝#17＋#26－#32	则将 R 值转换为增量方式
ENDIF	
ENDIF	
IF AR［#25］EQ 90	如果孔底 Z 值是绝对方式 G90
#25＝#25－#32－#17	则将 Z 值转换为增量方式
ENDIF	
IF #25 GE 0	如果 Z 值相对当前点不下降
M99	则返回
ENDIF	
X［#23］Y［#24］	移到 XY 定位点
Z［#17］	移到参考点 R
G01 Z［#25］	孔加工
G04 P［#15］	在孔底暂停
IF #1165 EQ 99	如果第 15 组 G 代码模态值为 G99
G01 Z［－#25］	则返回参考点 R 平面
ELSE	
G01 Z［－#25］	否则先回到初始点
IF AR［#26］EQ 0	
G00 Z［－#17］	再返回初始平面
ELSE	
G90 G00 Z［#26］	返回初始平面
ENDIF	
ENDIF	
M99	
; ***	
%0086	镗孔循环 G86 的宏程序实现源代码。调用本程序之后，主轴将保持正转

IF AR［♯25］EQ 0	如果没有定义孔底 Z 平面
M99	则返回
ENDIF	
G91	用增量方式编写宏程序
IF AR［♯23］EQ 90	如果 X 值是绝对方式 G90
♯23＝♯23－♯30	则将 X 值转换为增量方式
ENDIF	
IF AR［♯24］EQ 90	如果 Y 值是绝对方式 G90
♯24＝♯24－♯31	则将 Y 值转换为增量方式
ENDIF	
IF AR［♯17］EQ 90	如果参考点平面 R 值是绝对方式 G90
♯17＝♯17－♯32	则将 R 值转换为增量方式
ELSE	
IF AR［♯26］NE 0	如果初始 Z 平面模态值存在
♯17＝♯17＋♯26－♯32	则将 R 值转换为增量方式
ENDIF	
ENDIF	
IF AR［♯25］EQ 90	如果孔底 Z 值是绝对方式 G90
♯25＝♯25－♯32－♯17	则将 Z 值转换为增量方式
ENDIF	
IF ♯25 GE 0	如果 Z 值相对当前点不下降
M99	则返回
ENDIF	
X［♯23］Y［♯24］M03	移到 XY 孔位
Z［♯17］	移到参考点 R
G01 Z［♯25］	孔加工
M05	主轴停转
IF ♯1165 EQ 99	如果第 15 组 G 代码模态值为 G99
G00 Z［－♯25］	则快速返回参考点 R 平面
ELSE	
IF AR［♯26］EQ 0	
G00 Z［－♯25－♯17］	否则返回初始平面
ELSE	
G90 G00 Z［♯26］	否则返回初始平面
ENDIF	
ENDIF	
M03	主轴正转
M99	
；＊＊	
％0087	反镗孔循环 G87 的宏程序实现源代码。调用本程序之后，主轴将保持正转（G99）或停止（G98）
IF［AR［♯25］EQ 0］OR［［AR［♯8］OR AR［♯9］］EQ 0］	如果没有定义孔底 Z 值、I 或 J 退刀量则返回
M99	则返回

ENDIF	
G91	用增量方式编写宏程序
IF AR［＃23］EQ 90	如果 X 值是绝对方式 G90
＃23＝＃23－＃30	则将 X 值转换为增量方式
ENDIF	
IF AR［＃24］EQ 90	如果 Y 值是绝对方式 G90
＃24＝＃24－＃31	则将 Y 值转换为增量方式
ENDIF	
IF AR［＃17］EQ 90	如果参考点平面 R 值是绝对方式 G90
＃17＝＃17－＃32	则将 R 值转换为增量方式
ELSE	
IF AR［＃26］NE 0	如果初始 Z 平面模态值存在
＃17＝＃17＋＃26－＃32	则将 R 值转换为增量方式
ENDIF	
ENDIF	
IF AR［＃25］EQ 90	如果孔底 Z 值是绝对方式 G90
＃25＝＃25－＃32－＃17	则将 Z 值转换为增量方式
ENDIF	
IF ＃25 LE 0	如果 Z 值相对当前点不上升
M99	则返回
ENDIF	
X［＃23］Y［＃24］	移到 XY 孔位
M05	主轴停转
M19	主轴定向停止
X［＃8］Y［＃9］	朝刀尖反方向移动
Z［＃17］	定位到已加工面
G04 P［＃15］	暂停
G01 X［－＃8］Y［－＃9］M03	朝刀尖正方向移动，且主轴正转
Z［＃25］	孔加工
M05	主轴停转
M19	主轴定向停止
X［＃8］Y［＃9］	朝刀尖反方向移动
IF ＃1165 EQ 98	如果要求返回初始平面
IF AR［＃26］EQ 0	
G00 Z［－＃25－＃17］	返回初始平面
ELSE	
G90 G00 Z［＃26］	返回初始平面
ENDIF	
ELSE	
X［－＃8］Y［－＃9］M03	返回 R 点，主轴正转
ENDIF	
M99	
; ＊＊	

％0088	镗孔循环 G88 的宏程序实现源代码。调用本程序之后，主轴将保持正转
IF AR［#25］EQ 0	如果没有定义孔底 Z 零平面
M99	则返回
ENDIF	
G91	用增量方式编写宏程序
IF AR［#23］EQ 90	如果 X 值是绝对方式 G90
#23＝#23－#30	则将 X 值转换为增量方式
ENDIF	
IF AR［#24］EQ 90	如果 Y 值是绝对方式 G90
#24＝#24－#31	则将 Y 值转换为增量方式
ENDIF	
IF AR［#17］EQ 90	如果参考点平面 R 值是绝对方式 G90
#17＝#17－#32	则将 R 值转换为增量方式
ELSE	
IF AR［#26］NE 0	如果初始 Z 平面模态值存在
#17＝#17＋#26－#32	则将 R 值转换为增量方式
ENDIF	
ENDIF	
IF AR［#25］EQ 90	如果孔底 Z 值是绝对方式 G90
#25＝#25－#32－#17	则将 Z 值转换为增量方式
ENDIF	
IF #25 GE 0	如果 Z 值相对当前点不下降
M99	则返回
ENDIF	
X［#23］Y［#24］M03	移到 XY 孔位，且主轴正转
Z［#17］	移到参考点 R 平面
G01 Z［#25］	镗孔
G04 P［#15］	在孔底暂停
M05	主轴停转
M92	等待用户干预（等待循环启动）
IF #1165 EQ 99	如果为 G99，即返回参考点 R 平面
#40＝#32＋#17	定义返回点为参考点 R
ELSE	
IF AR［#26］EQ 0	
#40＝#32	定义返回点为初始平面 Z 点
ELSE	
#40＝#26	定义返回点为初始平面 Z 点
ENDIF	
ENDIF	
WHILE #1022 LT #40	如果编程工件位置 Z 点小于返回点
M92	等待用户干预（等待循环启动）
ENDW	
M03	主轴正转
M99	

续表

; **	
%0089	镗孔循环 G89 的宏程序实现源代码。调用本程序之后，主轴将保持正转
IF AR［#25］EQ 0	如果没有定义孔底 Z 平面
M99	则返回
ENDIF	
G91	用增量方式编写宏程序
IF AR［#23］EQ 90	如果 X 值是绝对方式 G90
#23＝#23－#30	则将 X 值转换为增量方式
ENDIF	
IF AR［#24］EQ 90	如果 Y 值是绝对方式 G90
#24＝#24－#31	则将 Y 值转换为增量方式
ENDIF	
IF AR［#17］EQ 90	如果参考点平面 R 值是绝对方式 G90
#17＝#17－#32	则将 R 值转换为增量方式
ELSE	
IF AR［#26］NE 0	如果初始 Z 平面模态值存在
#17＝#17＋#26－#32	则将 R 值转换为增量方式
ENDIF	
ENDIF	
IF AR［#25］EQ 90	如果孔底 Z 值是绝对方式 G90
#25＝#25－#32－#17	则将 Z 值转换为增量方式
ENDIF	
IF #25 GE 0	如果 Z 值相对当前点不下降
M99	则返回
ENDIF	
X［#23］Y［#24］M03	移到 XY 孔位，且主轴正转
Z［#17］	移到参考点 R
G01 Z［#25］	孔加工
M05	在孔底主轴停转
G04 P［#15］	暂停
IF #1165 EQ 99	如果第 15 组 G 代码模态值为 G99
G00 Z［－#25］	则返回参考点 R 平面
ELSE	
IF AR［#26］EQ 0	
G00 Z［－#25－#17］	否则返回初始平面
ELSE	
G90 G00 Z［#26］	否则返回初始平面
ENDIF	
ENDIF	
M03	主轴正转
M99	

附录 2　FANUC 数控系统编程指令

1. FANUC 0i 系统常用准备功能如附表 2-1 所示

附表 2-1　FANUC 0i 系统常用准备功能

代　码	组别	功　能	格　式
G00		快速移动	G00 X_ Y_ Z_
G01		直线插补	G01 X_ Y_ Z_ F_
G02	01	顺时针圆弧插补	G02 X_ Y_ R_ F_ 或 G02 X_ Y_ I_ J_ F_
G03		逆时针圆弧插补	G03 X_ Y_ R_ F_ 或 G03 X_ Y_ I_ J_ F_
G04		进给暂停	G04 X_ 或 G04 P_
G09		准确定位	G09 X_ Y_ Z_
G10	00	可编程数据设置	G10 L_
G11		可编程数据设置取消	G11
G17		X/Y 平面	G17
G18	02	X/Z 平面	G18
G19		Y/Z 平面	G19
G20		英制输入	G20
G21	06	公制输入	G21
G27		检查参考点返回	G27 X_ Y_ Z_
G28		自动返回原点	G28 X_ Y_ Z_
G29	00	从参考点返回	G29 X_ Y_ Z_
G30		返回第二参考点	G30 X_ Y_ Z_
G33	01	螺纹插补	G33 Z_ F_
G40		取消刀具半径补偿	G40
G41	07	刀具半径左补偿	G41 G01 X_ Y_ D_
G42		刀具半径右补偿	G42 G01 X_ Y_ D_
G43		刀具长度正补偿	G43 G01 Z_ H_
G44	08	刀具长度负补偿	G44 G01 Z_ H_
G49		取消刀具长度补偿	G49
G50		比例缩放取消	G50
G51	11	比例缩放	G51 X_ Y_ Z_ P_ 或 G51 X_ Y_ Z_ I_ J_ K_
G50.1		镜像取消	G50.1 X_ Y_
G51.1	22	镜像	G51.1 X_ Y_
G52	00	局部坐标系设定	G52 X_ Y_ Z_
G54		第一工件坐标系设置	G54
G55		第二工件坐标系设置	G55
G56		第三工件坐标系设置	G56
G57	14	第四工件坐标系设置	G57
G58		第五工件坐标系设置	G58
G59		第六工件坐标系设置	G59

代　码	组别	功　　能	格　　式
G60	00	单方向定位	G60 X_ Y_ Z_
G61	15	准确停止方式	G61
G62		自动拐角倍率	G62
G64		连续切削方式	G64
G65	00	宏程序非模态调用	G65 P_ L_
G66	12	宏程序模态调用	G66 P_ L_
G67		宏程序模态调用取消	G67
G68	16	旋转	G68 X_ Y_ R_
G69		取消旋转	G69
G73	09	高速深孔钻孔循环	G73 X_ Y_ Z_ R_ Q_ F_
G74		左旋攻螺纹循环	G74 X_ Y_ Z_ R_ P_ F_
G76		精镗孔	G76 X_ Y_ Z_ R_ Q_ P_ F_
G80		固定循环取消	G80
G81		钻孔、锪镗孔循环	G81 X_ Y_ Z_ R_ F_
G82		钻孔循环	G82 X_ Y_ Z_ R_ P_ F_
G83		深孔循环	G83 X_ Y_ Z_ R_ Q_ F_
G84		攻螺纹循环	G84 X_ Y_ Z_ R_ P_ F_
G85		镗孔循环	G85 X_ Y_ Z_ R_ F_
G86		镗孔循环	G86 X_ Y_ Z_ R_ P_ F_
G87		背镗循环	G87 X_ Y_ Z_ R_ Q_ F_
G88		镗孔循环	G88 X_ Y_ Z_ R_ P_ F_
G89		镗孔循环	G89 X_ Y_ Z_ R_ P_ F_
G90	03	绝对值编程	G90
G91		增量值编程	G91
G92	00	设定工件坐标系	G92 X_ Y_ Z_
G94	05	每分钟进给	G94
G95		每转进给	G95
G96	13	恒线速	G96 S_
G97		每分钟转速	G97 S_
G98	10	固定循环返回初始点	G98 G81 X_ Y_ Z_ R_ F_
G99		固定循环返回R点	G99 G81 X_ Y_ Z_ R_ F_

　　G 功能以组别可区分为两大类：属于"00"组别者，为非续效指令（非模态指令），即该指令的功能只在该程序段执行时有效，其功能不会延续到下面的程序段；属于"非00"组别者，为续效指令（模态指令），即该指令的功能除在该程序段执行时有效外，若下一程序段仍要使用相同功能，则不需再指令一次，其功能会延续到下一程序段，直到被同一组别的指令取代为止。

　　不同组别的 G 功能可以在同一程序段中使用。但若是同一组别的 G 功能，在同一程序段中出现两个或两个以上时，则以最后的 G 功能有效。

2. FANUC 系统常用辅助功能见附表 2-2

附表 2-2　FANUC 系统常用辅助功能

代　码	功　能	说　明
M00	程序停止	程序中若使用 M00 指令，当执行到 M00 指令时，程序即停止执行，且主轴停止、切削液关闭，若再执行下一程序段，只要按下循环启动（CYCLE START）键即可
M01	程序选择停止	M01 指令必须配合执行操作面板上的选择性停止功能键 OPT STOP 一起使用。若此键"灯亮"时，表示"ON"，则执行至 M01 时，功能与 M00 相同；若此键"灯熄"时，表示"OFF"，则执行至 M01 时，程序不会停止，继续往下执行
M02	程序结束	该指令应置于程序最后，表示程序执行到此结束。该指令会自动将主轴停止（M05）并关闭切削液（M09），但程序执行指针不会自动回到程序的开头
M03	主轴正转	程序执行至 M03，主轴顺时针方向旋转（简称正转）
M04	主轴反转	程序执行至 M04，主轴逆时针方向旋转（简称反转）
M05	主轴停止	程序执行至 M05，主轴即瞬间停止，该指令用于下列情况：① 程序结束前（一般常可省略，因为 M02、M30 指令都包含 M05）；② 主轴正、反转之间的转换，也必须加入此指令，使主轴停止后，再变换转向指令，以免伺服电动机受损
M08	切削液开	程序执行至 M08，即启动润滑油泵，但操作面板上的 CLNT AUTO 键必须处于"ON"（灯亮）状态，否则无效
M09	切削液关	该指令用于程序执行完毕之前，将润滑油泵关闭，停止喷切削液。该指令常可省略，因为 M02、M30 指令都包含 M09
M30	程序结束并返回起点	该指令应置于程序最后，表示程序执行到此结束。该指令会自动将主轴停止（M05）并关闭切削液（M09），且程序执行指针会自动回到程序的开头，以方便此程序再次被执行
M98	子程序调用	当程序执行 M98 指令时，控制器即调用 M98 所指定的子程序执行
M99	子程序结束	该指令用于子程序的最后程序段，表示子程序结束，且程序执行指针会跳回主程序中 M98 的下一程序段继续执行；M99 指令也可用于主程序的最后程序段，此时程序执行指针会跳回主程序的第一程序段继续执行，所以此程序将一直重复执行，除非按下 RESERT 键

注：使用 M 指令时，一个程序段只允许出现一个 M 代码，若同时出现两个或两个以上，则只有最后的 M 代码有效，前面的 M 代码将被忽略。

3. FANUC 0i 系统固定循环指令

1）孔加工固定循环指令表

FANUC 0i 系统加工中心配备的固定循环功能，主要用于孔加工，包括钻孔、镗孔、攻螺纹等。使用一个程序段可以完成一个孔加工的全部动作（钻孔进给、退刀、孔底暂停等），如果孔的动作无需变更，则程序所有模态数据可以不写，从而达到简化程序、减少编程工作量的目的。固定循环指令见附表 2-3。

附表 2-3　FANUC 0i 系统固定循环功能

G 代码	加工动作（−Z 方向）	孔底部的动作	退刀动作（＋Z 方向）	用　　途
G73	间歇进给	—	快速进给	高速深孔加工循环
G74	切削进给	暂停、主轴正转	切削进给	左螺纹攻螺纹循环
G76	切削进给	主轴准停	快速进给	精镗
G80	—	—	—	取消固定循环
G81	切削进给	—	快速进给	钻孔
G82	切削进给	暂停	快速进给	锪孔、镗阶梯孔
G83	间歇进给	—	快速进给	深孔加工循环
G84	切削进给	暂停、主轴反转	切削进给	右螺纹攻螺纹循环
G85	切削进给	—	切削进给	镗孔
G86	切削进给	主轴停转	快速进给	镗孔
G87	切削进给	主轴正转	快速进给	背镗
G88	切削进给	暂停、主轴停转	手动	镗孔
G89	切削进给	暂停	切削进给	镗孔

2）孔加工固定循环概述

（1）孔加工固定循环动作

孔加工固定循环如附图 2-1 所示，通常由以下六个动作组成：

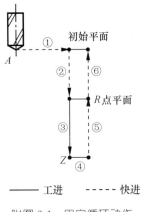

—— 工进　　----- 快进

附图 2-1　固定循环动作

动作①（A—B 段）：快速在 G17 平面定位；

动作②（B—R 段）：Z 向快速进给到 R 点；

动作③（R—Z 段）：Z 向切削进给，进行孔加工；

动作④（Z 点）：孔底部的动作；

动作⑤（Z—R 段）：Z 轴退刀；

动作⑥（R—B 段）：Z 轴快速回到起始位置。

（2）孔加工固定循环的基本格式

孔加工循环的通用编辑格式如下：

G73～G89X_ Y_ Z_ R_ Q_ P_ F_ K_

X_ Y_ 表示制动孔在 XY 平面内的定位；

Z_ 表示孔底平面的位置；

R_ 表示 R 点平面所在的位置；

Q_ 表示当有间歇进给时，刀具每次的加工深度；

P_ 表示指定刀具在孔底的暂停时间，数字不加小数点，单位为 ms；

F_ 表示孔加工切削进给时的进给速度；

K_ 表示指定孔加工循环的次数。

以上是孔加工循环的通用格式，并不是每一种孔加工循环的编程都要用到以上格式的所有代码。

在以上格式中，除 K 代码外，其他所有代码都是模态代码，只有在循环取消时才会被清除，因此这些指令一经指定，在后面的重复加工中不必重新指定。

取消孔加工循环采用 G80 代码。另外，如在孔加工中循环出现 01 组的 G 代码，则孔加工方式也会自动取消（注意：尽可能不要用 01 组的 G 代码来取消孔加工固定循环，以防出错）。

（3）孔加工固定循环的平面

孔加工固定循环的平面有如下三种，如附图 2-2 所示。

① 初始平面。如附图 2-2 所示，初始平面是为安全进刀而规定的一个平面。初始平面可以设定在任意一个安全高度上。当使用同一把刀具加工多个孔时，刀具在初始平面内的任意移动应不会与夹具、工件凸台等发生干涉。

② R 点平面。R 点平面又叫 R 参考平面。这个平面是刀具下刀时，自快进转为切削的高度平面，距工件表面的距离主要考虑工件表面的尺寸变化，一般情况下取 2～5 mm。

③ 孔底平面。加工不通孔时，孔底平面就是孔底的 Z 轴高度。而加工通孔时，除要考虑孔底平面的位置外，还要考虑刀具的超越量（如附图 2-2 中的 Z 点），以保证所有孔深都加工到尺寸。

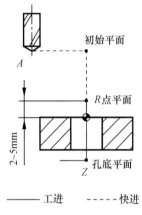

附图 2-2　孔加工的几个平面

（4）刀具从孔底的返回方式

当刀具加工到孔底平面后，刀具从孔底平面以两种方式返回，即返回到 R 点平面和返回到初始平面，分别用指令 G98 与 G99 来表示。

① G98 方式。G98 表示返回到初始平面，如附图 2-3 所示。一般采用固定循环加工孔系时不用返回到初始平面，只有在全部孔加工完成后或孔之间存在凸台或夹具等干涉时，才回到初始平面。

G98 编程格式：G98 G81 X_ Y_ Z_ R_ F_ K_

② G99 方式。G99 表示返回到 R 点平面，如附图 2-3 所示。在没有凸台等干涉情况下，为了节省孔系的加工时间，刀具一般返回到 R 点平面。

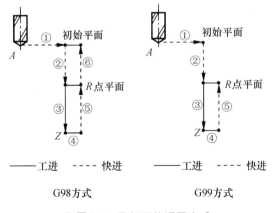

附图 2-3　孔加工的返回方式

G99 编程格式：G99 G81 X_ Y_ Z_ R_ F_ K_

（5）固定循环中的绝对坐标与增量坐标

固定循环中 R 值与 Z 值数据的指定与 G90 和 G91 的方式选择有关，而 Q 值与 G90 和 G91 方式无关。

① G90 方式。G90 方式中，R 值与 Z 值是指相对于工件坐标系的 Z 向坐标值，如附图 2-4 所示，此时 R 值一般为正值，而 Z 值一般为负值。

② G91 方式。G91 方式中，R 值是指从初始点到 R 点的矢量值，而 R 值是指从 R 点到孔底平面的矢量值，如附图 2-4 所示。

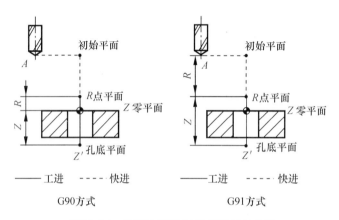

附图 2-4　孔加工的绝对坐标和相对坐标

3）固定循环指令

（1）钻孔与锪孔循环（G81、G82）

指令格式：G81 X_ Y_ Z_ R_ F_
　　　　　　G82 X_ Y_ Z_ R_ P_ F_

孔加工动作如附图 2-5 所示，动作说明如下。

G81 指令用于正常的钻孔，切削进给执行到孔底，然后刀具从孔底快速移动退回。

G82 的动作类似于 G81，只是在孔底增加了进给后的暂停动作。G82 有利于提高不通孔加工时孔底的表面粗糙度值。G82 指令常用于锪孔或加工台阶孔。

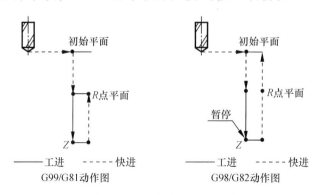

附图 2-5　钻孔与锪孔循环动作

（2）**深孔钻循环（G73、G83）**

G73 和 G83 一般用于较深孔的加工，G73 又称为啄式加工指令。

指令格式：G73 X_ Y_ Z_ R_ Q_ F_

　　　　　G83 X_ Y_ Z_ R_ Q_ F_

深孔加工动作如附图 2-6 所示，动作说明如下。

G73 指令通过 Z 轴方向的啄式加工进给可以较容易地实现断屑与排屑。指令中的 Q 值是指每一次的加工深度（均为正值）。d 值由机床系统指定。

G83 指令同样通过 Z 轴方向的进给来实现断屑与排屑的目的。但与 G73 指令不同的是，刀具间歇进给后快速退回到 R 点，再快速进给到 Z 向距上次切削孔底平面 d 处，从该点快进变成工进，工进距离为 $Q+d$。这种方式多用于深孔加工。

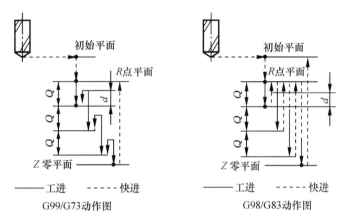

附图 2-6　深孔钻动作

（3）**左螺纹攻螺纹（G74）与右螺纹攻螺纹（G84）循环**

指令格式：G84 X_ Y_ Z_ R_ P_ F_

　　　　　G74 X_ Y_ Z_ R_ P_ F_

指令动作说明如附图 2-7 所示，动作说明如下。

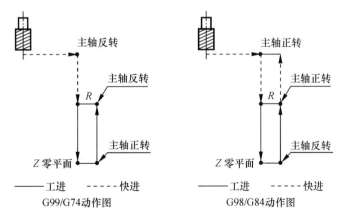

附图 2-7　攻螺纹动作

G74 循环为左螺纹攻螺纹循环，用于加工左旋螺纹。执行该循环时，主轴反转，在 G17 平面快速定位后快速移动到 R 点，执行攻螺纹到达孔底后，主轴正转退回到 R 点，完成攻螺纹动作。

G84 动作与 G74 动作基本类似，只是 G84 用于加工右旋螺纹。执行该循环时，主轴正转，在 G17 平面快速定位后快速移动到 R 点，执行攻螺纹到达孔底后，主轴反转退回到 R 点，完成攻螺纹动作。

攻螺纹时进给量 F 值的指定根据不同的进给模式确定。当采用 G94 模式时，进给量 $F＝$导程×转速。当采用 G95 模式时，进给量 $F＝$导程。

在实际攻螺纹时，无需转换进给量模式，即在 G94 模式下，仍执行每转进给量。在指定 G74 前，应先使主轴反转。另外，在 G74 与 G84 攻螺纹期间，进给倍率、进给保持均无效。

（4）粗镗孔循环（G85、G86、G88、G89）

常用的粗镗孔循环有 G85、G86、G88、G89 四种，其指令格式与孔加工动作基本相同。

指令格式：G85 X_ Y_ Z_ R_ F_

G86 X_ Y_ Z_ R_ P_ F_

G88 X_ Y_ Z_ R_ P_ F_

G89 X_ Y_ Z_ R_ P_ F_

孔加工动作如附图 2-8 所示，动作说明如下。

执行 G85 循环，刀具以切削进给方式加工到孔底，然后以切削进给方式返回到 R 平面。因此该指令除可用于较精密的镗孔外，还可用于铰孔、扩孔的加工。

执行 G86 循环，刀具以切削进给方式加工到孔底，然后主轴停转，刀具快速退回到 R 平面后，主轴正转。由于刀具在退回过程中容易在工件表面划出条痕，所以该指令常用于精度或表面粗糙度要求不高的镗孔加工。

G89 动作与 G85 动作基本类似，不同的是 G89 动作在孔底增加了暂停，因此该指令常用于阶梯孔的加工。

执行 G88 循环，刀具以切削进给方式加工到孔底，刀具在孔底暂停后主轴停转，这时可通过手动方式从孔中安全退出刀具，再开始自动加工，Z 轴快速返回到 R 点或初始平面，主轴恢复正转。此种方式虽然能相应提高孔的加工精度，但加工效率较低。

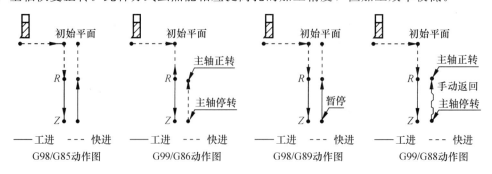

附图 2-8　粗镗孔动作

（5）精镗孔循环（G87、G76）

指令格式：G76 X_ Y_ Z_ R_ Q_ P_ F_

            G87 X_ Y_ Z_ R_ Q_ F_

G76、G87 动作如附图 2-9 所示，动作说明如下。

G76 指令主要用于精密镗孔加工。执行 G76 循环，刀具以切削进给方式加工到孔底，实现主轴准停，刀具向刀尖相反方向移动 Q，使刀具脱离工件表面，保证刀具不擦伤工件表面，然后快速退刀至 R 平面或初始平面，刀具正转。

G87 是一个较为特殊的固定循环指令，其中 Z 和 R 的取值与其他固定循环区别较大，应特别注意。

执行 G87 循环，刀具在 G17 平面内定位后，主轴准向停止，刀具向刀尖相反方向偏移 Q，然后快速移动到孔底（R 点），在这个位置刀具按原移动量反向移动相同的 Q，主轴正转并以切削进给方式加工到 Z 平面，主轴再次准停，并沿刀尖相反方向偏移 Q，快速提刀至初始平面并按原偏移量返回到 G17 平面的定位点，主轴开始正转，循环结束。由于 G87 循环中刀尖无需在孔中经工件表面退出，故加工表面质量较好，所以本循环常用于精密孔的镗削加工。该循环不能用 G99 进行编程。

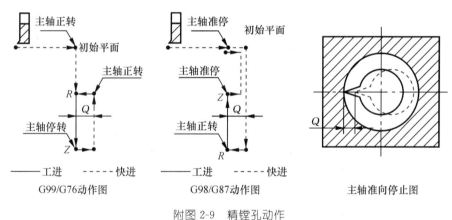

附图 2-9 精镗孔动作

4. FANUC 0i 简化编程指令

1）比例缩放指令

在数控编程中，有时在对应坐标轴上的值是按固定的比例系数进行放大或缩小的，这时，为了编程方便，可采用比例缩放指令来进行编程。

（1）指令格式

格式一：G51 I_ J_ K_ P_

示例：G51 I0 J10.0 P2000

I、J、K 有两个作用：第一，选择要进行比例缩放的轴，其中 I 表示 X 轴，J 表示 Y 轴，K 表示 Z 轴，以上例子表示在 X、Y 轴上进行比例缩放，而在 Z 轴上不进行比例缩放；第二，指定比例缩放的中心，"F0 J10.0"表示缩放中心在坐标（0，10.0）处，如果省略了 I、J、K，则 G51 指定刀具的当前位置作为缩放中心。P 为进行缩放的比例系数，不能用小数点来指定该值，如"P2000"表示缩放比例为2倍。

格式二：G51 X_ Y_ Z_ P_

示例：G51 X10.0 Y20.0 P1500

X、Y、Z 与格式一中的 I、J、K 作用相同。之所以在格式中使用的符号不一致，是因为系统不同的缘故。

格式三：G51 X_ Y_ Z_ I_ J_ K_

示例：G51 X0 Y0 Z0 I1.5 J2.0 K1.0

该格式用于较为先进的数控系统（如 FANUC 0i 系统），表示坐标轴允许以不同比例进行缩放。示例是以点（0，0，0）为中心进行比例缩放，在 X 轴方向的缩放倍数为 1.5 倍，在 Y 轴方向上的缩放倍数为 2 倍，在 Z 轴方向则保持原比例不变。I、J、K 的取值直接以小数点的形式来指定缩放比例，如 J2.0 表示在 Y 轴方向上的缩放比例为 2.0 倍。

以上三种格式可以在同一台 FANUC 0i 机床上使用。取消比例缩放的指令为 G50。

（2）比例缩放编程说明

① 比例缩放中的刀补问题。在编写比例缩放程序过程中，要特别注意建立刀补程序段的位置，刀补程序段应写在缩放程序段内。其格式如下：

G51 X_ Y_ Z_ P_

G41 G01…D01 F100

在执行该程序段过程中，机床能正常运行，而如果执行如下程序则会产生机床报警。

G41 G01…D01 F100

G51 X_ Y_ Z_ P_

比例缩放对于刀具半径补偿、刀具长度补偿及刀具偏置无效。

② 比例缩放中的圆弧插补。在比例缩放时进行圆弧插补，如果进行等比例缩放，则圆弧半径也相应缩放相同的比例；如果指定不同的缩放比例，则刀具也不会画出相应的椭圆轨迹，仍将进行圆弧的插补，圆弧的半径根据 I、J 中的较大值进行缩放。

③ 比例缩放中的注意事项。

● 比例缩放的简化形式。如将比例缩放程序"G51 X_ Y_ Z_ P_"或者"G51 X_ Y_ Z_ I_ J_ K_"简写成"G51"，则缩放比例由机床系统自带参数决定，具体值请查阅机床有关参数表；而缩放中心则指刀具中心当前所处的位置。

● 比例缩放不对固定循环中的 Q 或 d 发生作用。在比例缩放过程中，有时我们不希望进行 Z 轴方向的比例缩放，这时可以修改系统参数，从而禁止在 Z 轴方向上进行比例缩放。

● 比例缩放不对刀具偏置和刀具补偿发生作用。

● 缩放状态下，不能指定返回参考点的 G 代码（G27～G30），也不能指定坐标系的 G 代码（G52～G59，G92）。若一定要指定这些 G 代码，应在取消缩放功能后指定。

2）可编程镜像指令

使用编程的镜像指令可实现沿某一坐标轴或某一坐标点的对称加工。在一些老的数控系统中，通常采用 M 指令来实现镜像加工，在 FANUC 0i 系统中则采用 G51 或 G51.1 来实现镜像加工。

（1）指令格式

格式一：G17 G51.1 X_ Y_

　　　　G50.1 X_ Y_

格式中的 X、Y 用于指定对称轴或对称点。当 G51.1 指令后仅有一个坐标字时，该镜像是以某一坐标轴为镜像轴。如"G51 X10.0"表示以某一轴线为对称轴，该轴线与 Y 轴相平行，且与 X 轴在 X＝10.0 处相交。

当 G51.1 指令后有两个坐标字时，表示该镜像是以某一点作为对称点进行镜像。如"G51.1 X10.0 Y10.0"表示镜像，其对称点为（10，10）。在 FANUC 0i 系统数控机床上，以上两种格式是通用的。

另外，"G50.1 X_ Y_"表示取消镜像。

格式二：G17 G51 X_ Y_ I_ J_

　　　　G50

指令中的 I、J 一定是负值，如果它为正值，则该指令变成了缩放指令。

另外，如果 I、J 虽是负值但不等于－1，则执行该指令时，既进行镜像又进行缩放。如"G17 G51 X10.0 Y10.0 I－1.0 J－1.0"表示以坐标点（10.0，10.0）进行镜像，不进行缩放。而"G17 G51 X10.0 Y10.0 I－2.0 J－1.5"表示以坐标点（10.0，10.0）进行镜像的同时，还要进行比例缩放，其中 X 轴方向的缩放比例为 2.0，而 Y 轴方向的缩放比例为 1.5。

另外，"G50"表示取消镜像。

（2）镜像编程的说明

① 指定平面内执行镜像指令时，如果程序中有圆弧指令，则圆弧的旋转方向相反，即 G02 变成 G03，相应地，G03 变成 G02。

② 在指定平面内执行镜像指令时，如果程序中有刀具半径补偿指令，则刀具半径补偿的偏置方向相反，即 G41 变成 G42，G42 变成 G41。

③ 在指定平面内执行镜像指令时，如果程序中有坐标系旋转指令，则坐标系旋转方向相反。即顺时针变成逆时针，逆时针变成顺时针。

④ CNC 数据处理的顺序是从程序镜像到比例缩放到坐标系旋转，所以在指定这些指令时，应按顺序指定，取消时，按相反顺序。在旋转方式或比例缩放方式下不能指定镜像指令 G50.1 或 G51.1。但在镜像方式下可以指定比例缩放指令或坐标系旋转指令。

⑤ 在可编程镜像方式中，返回参考点指令（G27，G28，G29，G30）和改变坐标系指令（G54～G59，G92）不能指定。如果要指定其中的某一个，则必须在取消可编程镜像后指定。

⑥ 在使用镜像功能时，由于数控镗铣床的 Z 轴一般安装有刀具，所以，Z 轴一般都不进行镜像加工。

3）坐标旋转指令

对于某些围绕中心旋转得到的特殊轮廓加工，如果根据旋转后的实际加工轨迹进行编程，就可能使坐标计算的工作量大大增加。而通过图形旋转功能，就可以大大简化编程的工作量。

（1）指令格式

G17 G68 X_ Y_ R_

G69

其中 G68 表示图形旋转生效，而指令 G69 表示图形旋转取消。

格式中的 X、Y 用于指定图形旋转的中心，R 表示图形旋转的角度，该角度一般取 0～360°的正值，旋转角度的零度方向为第一坐标轴的正方向，逆时针方向为角度方向的正向。不足 1°的角度以小数点表示，如 10°54′用 10.9°表示。例如，"G68 X15.0 Y20.0 R30.0"表示图形以坐标点（15，20）为旋转中心，逆时针旋转 30°。

（2）坐标系旋转编程说明

① 在坐标系旋转取消指令（G69）以后的第一个移动指令必须用绝对值指令。如果采用增量值指令，则不执行正确的移动。

② CNC 数据处理的顺序是：程序镜像→比例缩放→坐标系旋转→刀具半径补偿 C 方式。所以在指定这些指令时，应按顺序指定，取消时，按相反顺序。如果坐标系旋转指令前有比例缩放指令，则在比例缩放过程中不缩放旋转角度。

③ 在坐标系旋转方式中，返回参考点指令（G27，G28，G29，G30）和改变坐标系指令（G54～G59，G92）不能指定。如果要指定其中的某一个，则必须在取消坐标系旋转指令后指定。